全国中等职业技术学校数控加工专业一体化精品教材

数控车床加工技术

（学生指导用书）

人力资源和社会保障部教材办公室组织编写

中国劳动社会保障出版社

图书在版编目(CIP)数据

数控车床加工技术：学生指导用书/人力资源和社会保障部教材办公室组织编写. —北京：中国劳动社会保障出版社，2010

全国中等职业技术学校数控加工专业一体化精品教材

ISBN 978-7-5045-8607-0

Ⅰ.①数… Ⅱ.①人… Ⅲ.①数控机床：车床-加工工艺-专业学校-教学参考资料 Ⅳ.①TG519.1

中国版本图书馆 CIP 数据核字(2010)第 156960 号

中国劳动社会保障出版社出版发行

（北京市惠新东街 1 号 邮政编码：100029）

出 版 人：张梦欣

*

北京谊兴印刷有限公司印刷装订 新华书店经销

787 毫米×1092 毫米 16 开本 14.5 印张 344 千字

2010 年 8 月第 1 版 2022 年 12 月第 12 次印刷

定价：24.00 元

营销中心电话：400-606-6496

出版社网址：http://www.class.com.cn

http://jg.class.com.cn

目　录

项目一

数控车床操作基础

任务1 认识数控车床

一、工作任务

本次任务是在老师带领下参观数控加工生产现场，通过参观来认识数控车床。在参观过程中，须认真仔细观察数控车床加工，比较数控车床与普通车床的不同之处，深入地了解数控车床加工的内容、加工特点、数控车床种类等基本知识，同时体验数控车床加工的工作氛围，为进一步学习数控车床的操作做准备。

二、任务实施

学习环节	学习过程和内容
新课准备	课前可先查阅资料对数控车床加工做一些基本的了解，并思考以下问题： 1. 什么是数控车床加工，它主要能完成哪些工作？

新课准备

2. 怎样才能从众多的机床中分辨出哪台是数控车床？请列举一些数控车床有别于其他机床的特征。

理论学习

一、完成本任务理论的学习，结合老师讲解并根据自己掌握的情况回答以下问题：

1. 试举例叙述数控车床加工过程，完成下表的填写。

步骤	工作内容	举例
步骤 1		
步骤 2		
步骤 3		
步骤 4		
步骤 5		

2. 在数控车床上加工下图所示球头手柄，与在普通车床上加工有什么不同？

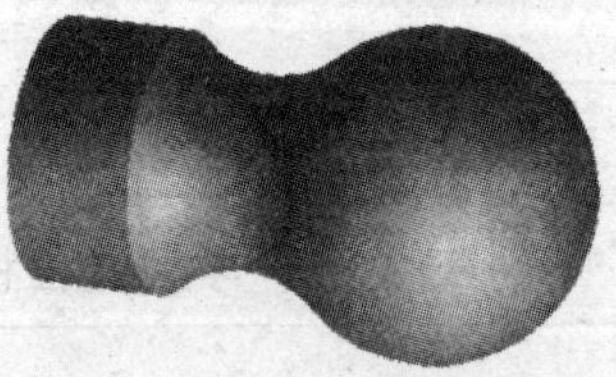

理论学习

3. 数控车床与普通车床有何区别？完成下表的填写。

	普通车床	数控车床
实物照片	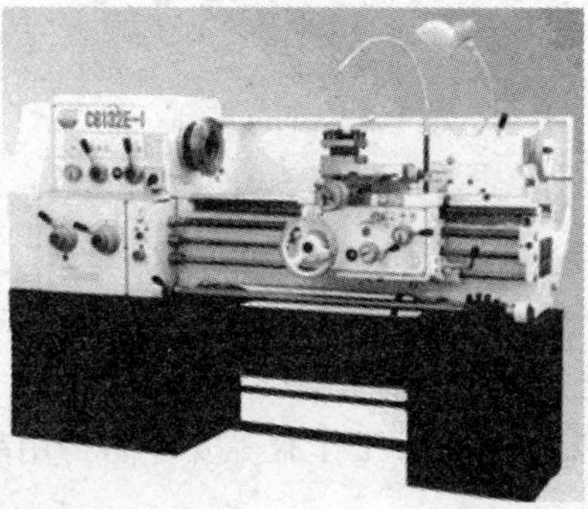	
比较		

二、分小组讨论下面的问题，做好记录。

1. 数控车床的特点及其适用范围是什么？

理论 学习	2. 你能说出多少种类型的数控车床？
实践 操作	在进行完理论学习之后，进行数控加工现场的参观。 1. 进入车间前应按要求穿戴好工作服等安全防护用品（女生必须戴工作帽，并将长发盘于帽中）。 2. 在熟悉所参观车间的基本情况、参观注意事项和参观要求的前提下，由老师带领进行参观，认真听取老师的介绍，仔细观察数控车床加工，并作适当记录。 3. 通过近距离观察数控车床，初步了解数控车床的基本结构。请将下面各机构与部件的名称填写到下图的相应位置上：床身、导轨、主轴、刀架、数控系统控制面板、排屑系统、防护罩。 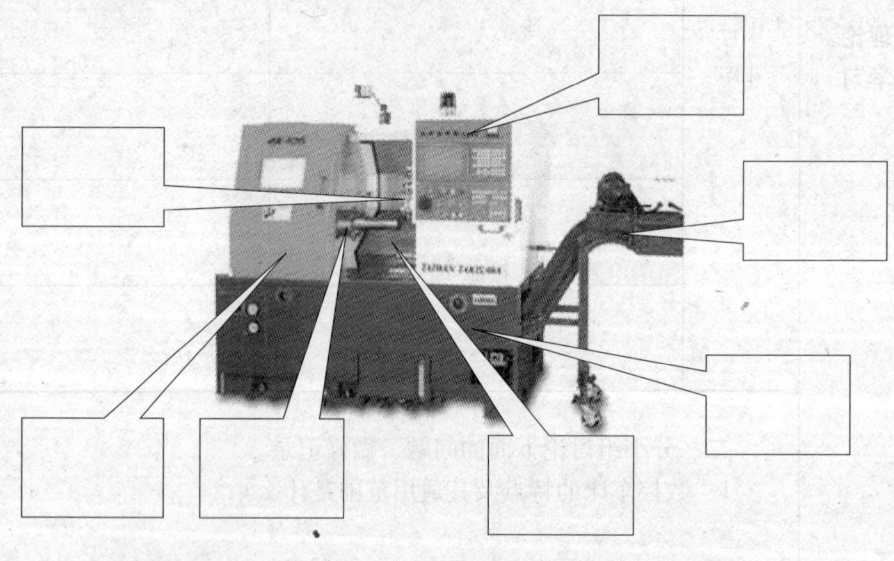 4. 观赏数控车床加工的产品，讨论数控车床加工产品的特点。

三、任务测评

先对本次任务自己进行检测，再请同学互检，合格后由指导老师评价，经老师签字，方可进行下一任务的实训。

项目与权重	序号	技术要求	配分	评分标准	检测记录	得分
纪律（40%）	1	准时到达实习场地	20	迟到全扣		
	2	学习工具齐全	20	不合格全扣		
参观过程（60%）	3	参观过程专注认真	30	不认真全扣		
	4	认真记录	30	不认真全扣		

任务 2　认识数控车床的操作面板

一、工作任务

要进行数控机床的操作，首先要从操作面板入手。操作面板上有许多按钮，这些按钮究竟具有哪些功能呢？本次任务是在生产现场的数控车床上，认识如图所示的数控车床操作面板，了解这些按钮的主要用途，并完成机床的开、关电源等基本操作。

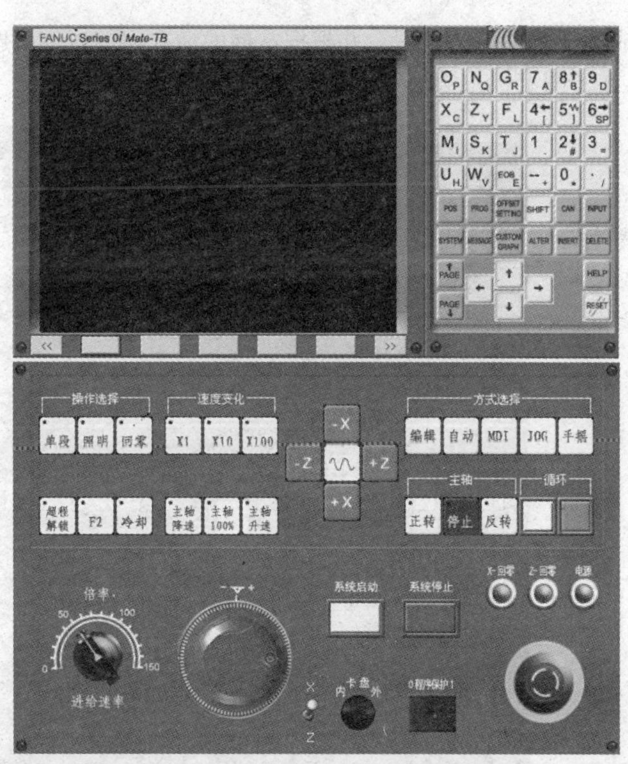

二、任务实施

<table>
<tr><th>学习环节</th><th>学习过程和内容</th></tr>
<tr><td>新课
准备</td><td>通过查阅资料等方式做一些课前准备工作，并思考以下问题：
1. 目前，我国常用于车床的数控系统有哪些？怎样才能从众多的机床中分辨出哪台是 FANUC 数控系统的数控车床？

2. 数控车床操作面板在机床上的什么位置？在下图中标出。
</td></tr>
<tr><td>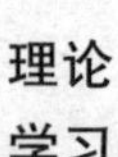理论
学习</td><td>完成本任务理论的学习，并根据掌握的情况回答以下问题：
1. 在下图上标出数控车床操作面板组成部分。
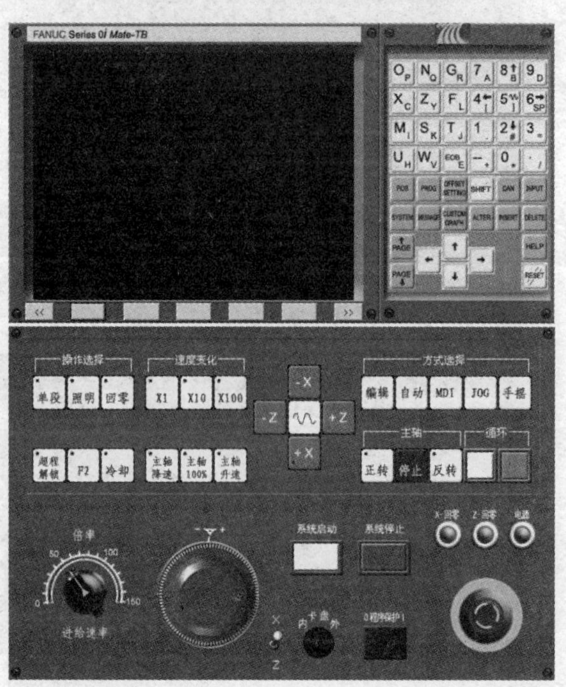</td></tr>
</table>

理论学习	2. 请说明下表中数控系统 MDI 功能键的含义与用途。

名称	功能说明
复位键 RESET	
帮助键 HELP	
软键	
地址和数字键 O_P	
切换键 SHIFT	
输入键 INPUT	
取消键 CAN	
程序功能键 ALTER INSERT DELETE	
功能键 POS PROG OFFSET SETTING SYSTEM MESSAGE CUSTOM GRAPH	
光标移动键 ↑ ← → ↓	
翻页键 ↑PAGE PAGE↓	

	3. 下表中的数控车床机床控制面板功能键的含义与用途是什么？	
	名称	功能说明
	方式选择键 编辑 自动 MDI JOG 手摇	
	操作选择键 单段 照明 回零	
	主轴旋转键 正转 停止 反转	
	循环启动/停止键	
理论学习	主轴倍率键 主轴降速 主轴100% 主轴升速	
	超程解除 超程解锁	
	进给轴和方向选择开关 -X -Z +Z +X	
	JOG 进给倍率刻度盘 倍率 0 50 100 150 进给速率	

续表

	名称	功能说明
理论学习	系统启动/停止 	
	电源/回零指示灯 	
	急停键 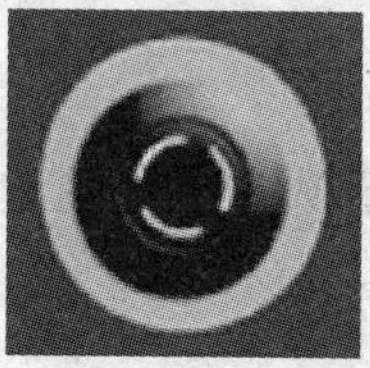	

实践操作

一、进入车间前应按要求穿戴好工作服等安全防护用品（女生必须戴工作帽，并将长发盘于帽中）。

二、认真听取老师讲解，仔细观察老师演示。

三、独立在数控车床上进行基本操作。

1. 通电开机

操作步骤：按下机床面板上的系统启动键，接通电源，显示屏由原先的黑屏变为有文字显示，电源指示灯亮；按急停键，使急停键抬起。这时系统完成上电复位。

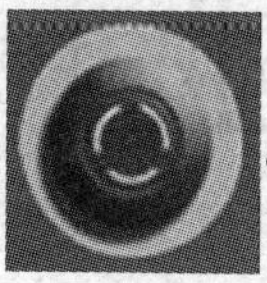

2. 手动返回参考点

操作步骤：在方式选择键中按下 JOG 键，这时数控系统显示屏幕左下方显示状态为 JOG；在操作选择键中按下回零键，这时该键左上方的

实践操作	小红灯亮；在坐标轴选择键中按下 +X 键，*X* 轴返回参考点，同时 X 回零指示灯亮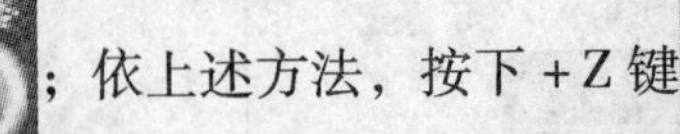；依上述方法，按下 +Z 键，*Z* 轴返回参考点，同时 Z 回零指示灯亮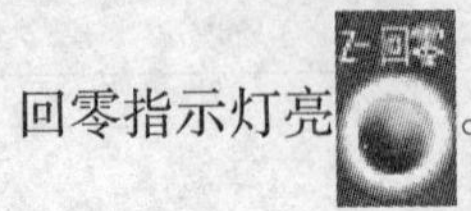。 3．JOG 进给 操作步骤：按下 JOG 按键 JOG ，系统处于 JOG 运行方式；按下进给轴和方向选择开关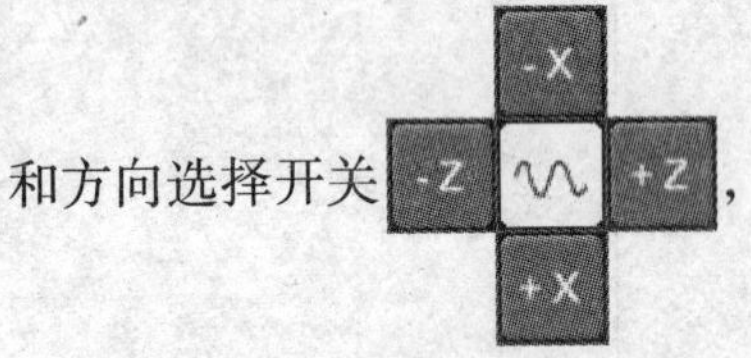，机床沿选定轴的选定方向移动；可在机床运行前或运行中使用 JOG 进给倍率刻度盘，根据实际需要调节进给速度；如果在按下进给轴和方向选择开关前按下快速移动开关，则机床按快速移动速度运行。 4．手轮进给 操作步骤：按手摇键，进入手轮方式；按手轮进给轴选择开关，选择机床要移动的轴；按手轮进给倍率键，选择移动倍率；根据需要移动的方向，按下手轮旋钮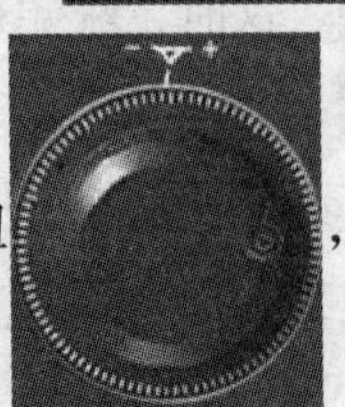，手轮旋转，同时机床发生移动。

实践 操作	四、按要求完成本任务的操作后，根据完成任务情况回答以下问题： 1. 开机前应做好哪些准备工作？ 2. 操作过程中，出现紧急情况如何处理？

三、任务测评

先对本次任务自己进行检测，再请同学互检，合格后由指导老师评价，经老师签字，方可进行下一任务的实训。

项目与权重	序号	技术要求	配分	评分标准	检测记录	得分
纪律（20%）	1	准时到达实习场地	5	迟到全扣		
	2	学习工具齐全	5	不合格全扣		
	3	学习态度	10	不认真全扣		
机床操作（60%）	4	开机，关机	10	不正确全扣		
	5	回参考点	10	不正确全扣		
	6	手动进给	10	不正确全扣		
	7	手摇操作	10	不正确全扣		
	8	主轴正转	10	不正确全扣		
	9	调用刀具	10	不正确全扣		
安全文明生产（20%）	10	安全用品使用	10	不合格全扣		
	11	工作场所整理	10	不合格全扣		

任务3　数控车床的手动操作

一、工作任务

本任务是采用手摇（HANDLE）或手动（JOG）切削方式加工如图所示工件，工件材料选用 ϕ50 mm×90 mm 的 45 钢，刀具的装夹与校正运用普通车床操作技能来完成。

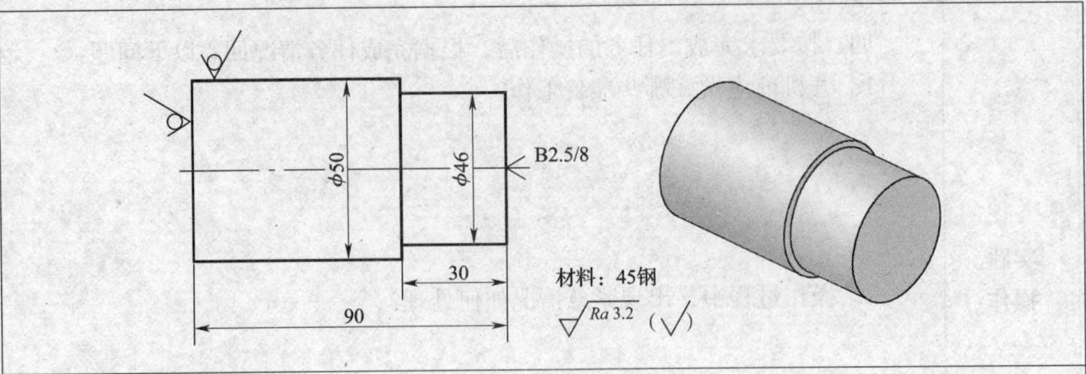

二、任务准备

工量具清单参见下表：

序号	名称	规格	数量	备注
1	游标卡尺	0～150 mm，精度为0.02 mm	1	
2	外圆车刀	93°	1	
3	其他	铜棒、铜皮、毛刷等常用工具		选用

三、任务实施

学习环节	学习过程和内容
新课准备	知识回顾： 1. 回顾数控车床数控系统操作面板上各功能按钮的含义与用途。 2. 回顾数控车床机床控制面板上各功能按钮的含义与用途。 通过查阅资料等方式做一些课前准备工作，并思考以下问题： 1. 数控车床上是如何完成手动操作加工的？ 2. 为什么说对刀操作技能是数控车床加工最重要的操作技能之一？

理论学习	完成本任务理论的学习，并根据掌握的情况回答以下问题： 1．数控车床的运动方向如何确定？填写在下表中。 运动类别 | 说明 Z 坐标的运动 | X 坐标的运动 | 2．数控车床坐标系中有哪些原点？为什么要设置这些原点？ 3．数控车床工件坐标系原点如何确定？ 4．数控车刀的刀位点是什么？如何确定？ 5．目前，数控车床普遍采用何种对刀方法？

运动类别	说明
Z 坐标的运动	
X 坐标的运动	

实践操作

一、进入车间前应按要求穿戴好工作服等安全防护用品（女生必须戴工作帽，并将长发盘于帽中）。

二、认真听取老师讲解，仔细观察老师演示。

三、独立在数控车床上进行对刀技能操作练习，按本任务图样手动切削加工，并补齐横线空白处的内容。

操作步骤：

1. 确定刀具切削轨迹及各基点坐标如下图所示，由于总切削量较大，所以分两层手动切削，其轨迹为 *ABCDA* 和 *AEFDA*。

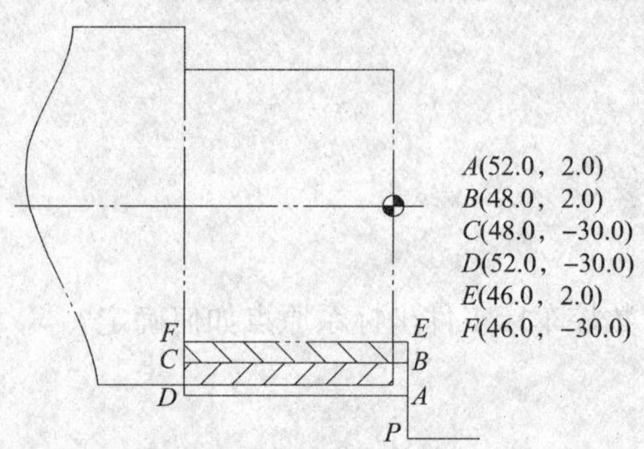

2. 开机。
3. 回参考点（回零）。
4. 用三爪自定心卡盘安装工件（伸出约 100 mm）。
5. 用“MDI”方式换为 1 号刀位。
6. 在 1 号刀位安装外圆/端面车刀。
7. 手动进给，将刀具靠近工件端面处。
8. 手摇操作，车削工件端面。
9. 沿________方向退刀（*Z* 轴不动）。
10. 按“OFFSET SETTING”键。
11. 按“形状”软键。
12. 输入________（以工件右端面为 *Z* 轴方向零点）。
13. 按“测量”软键，完成 *Z* 轴方向的对刀。
14. 手摇操作，车削工件外圆柱面。
15. 沿________方向退刀（*X* 轴不动）。
16. 按“RESET”键，停止机床。
17. 测量圆柱面直径尺寸（假设为 *d*）。
18. 按“OFFSET SETTING”键。
19. 按“形状”软键。
20. 输入“X*d*”（以工件轴线位置为 *X* 轴方向零点）。
21. 按“测量”软键，完成 *X* 轴方向的对刀。

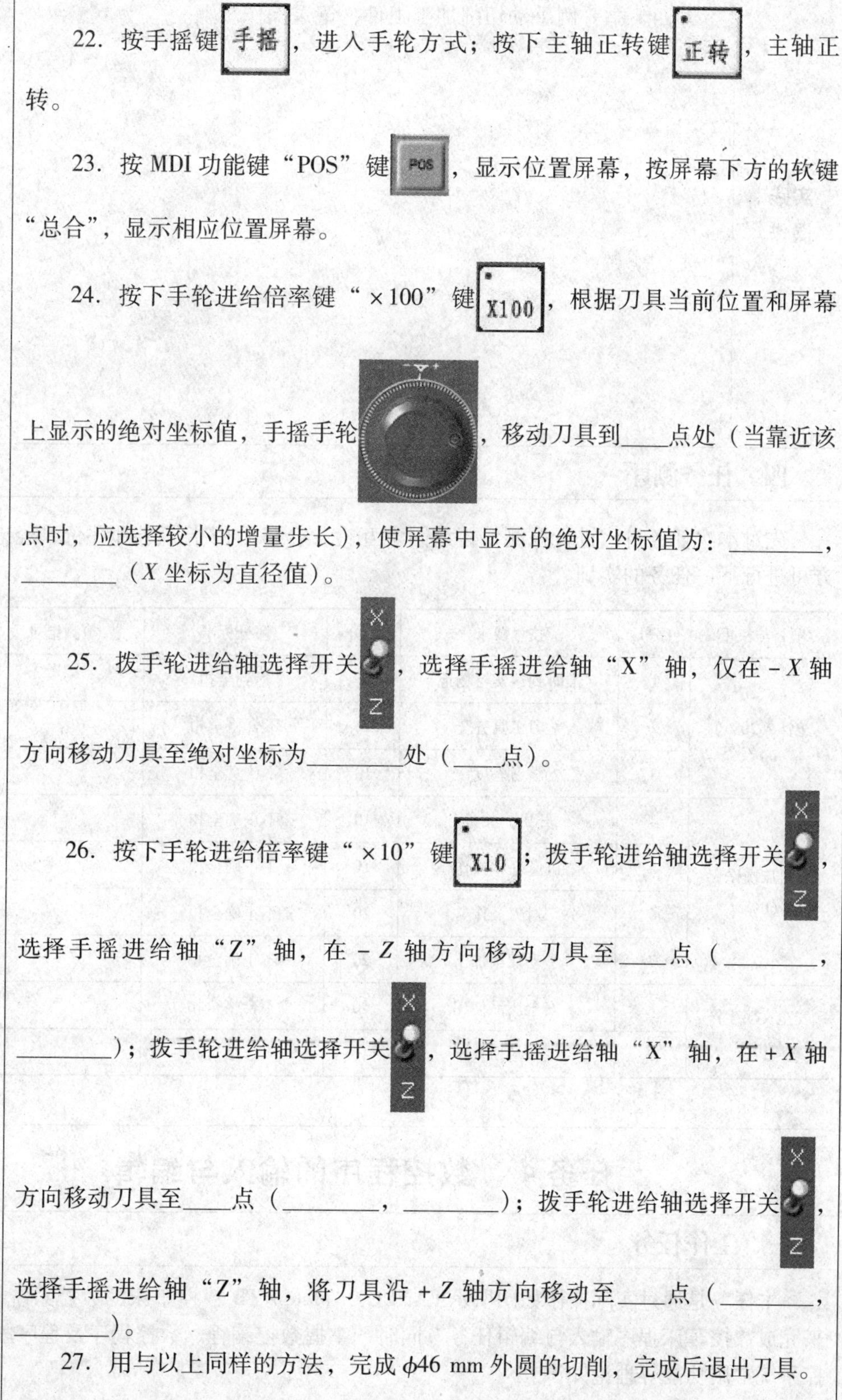

实践操作	22. 按手摇键 手摇 ，进入手轮方式；按下主轴正转键 正转 ，主轴正转。 23. 按 MDI 功能键“POS”键 POS ，显示位置屏幕，按屏幕下方的软键“总合”，显示相应位置屏幕。 24. 按下手轮进给倍率键“×100”键 X100 ，根据刀具当前位置和屏幕上显示的绝对坐标值，手摇手轮 ，移动刀具到____点处（当靠近该点时，应选择较小的增量步长），使屏幕中显示的绝对坐标值为：________，________（*X* 坐标为直径值）。 25. 拨手轮进给轴选择开关 X Z ，选择手摇进给轴“X”轴，仅在 −*X* 轴方向移动刀具至绝对坐标为________处（____点）。 26. 按下手轮进给倍率键“×10”键 X10 ；拨手轮进给轴选择开关 X Z ，选择手摇进给轴“Z”轴，在 −*Z* 轴方向移动刀具至____点（________，________）；拨手轮进给轴选择开关 X Z ，选择手摇进给轴“X”轴，在 +*X* 轴方向移动刀具至____点（________，________）；拨手轮进给轴选择开关 X Z ，选择手摇进给轴“Z”轴，将刀具沿 +*Z* 轴方向移动至____点（________，________）。 27. 用与以上同样的方法，完成 ϕ46 mm 外圆的切削，完成后退出刀具。

实践操作	四、举一例手动切削加工工件，记录操作步骤。

四、任务测评

先对本次任务自己进行检测，再请同学互检，合格后由指导老师评价，经老师签字，方可进行下一任务的实训。

项目与权重	序号	技术要求	配分	评分标准	检测记录	得分
纪律（20%）	1	准时到达实习场地	5	迟到全扣		
	2	学习工具齐全	5	不合格全扣		
	3	学习态度	10	不认真全扣		
机床操作（60%）	4	开机，关机	10	不正确全扣		
	5	机床基本操作	10	不正确全扣		
	6	对刀操作	20	不正确全扣		
	7	手动切削加工	20	不正确全扣		
安全文明生产（20%）	8	安全用品使用	10	不合格全扣		
	9	工作场所整理	10	不合格全扣		

任务4　数控程序的输入与编辑

一、工作任务

本任务是通过实际操作如图所示 FANUC 0i Mate－TB 数控车床的数控系统操作面板，来完成数控车床程序输入与编辑任务。同时，掌握数控编程、数控程序及程序段格式、数控系统常用功能等理论知识。

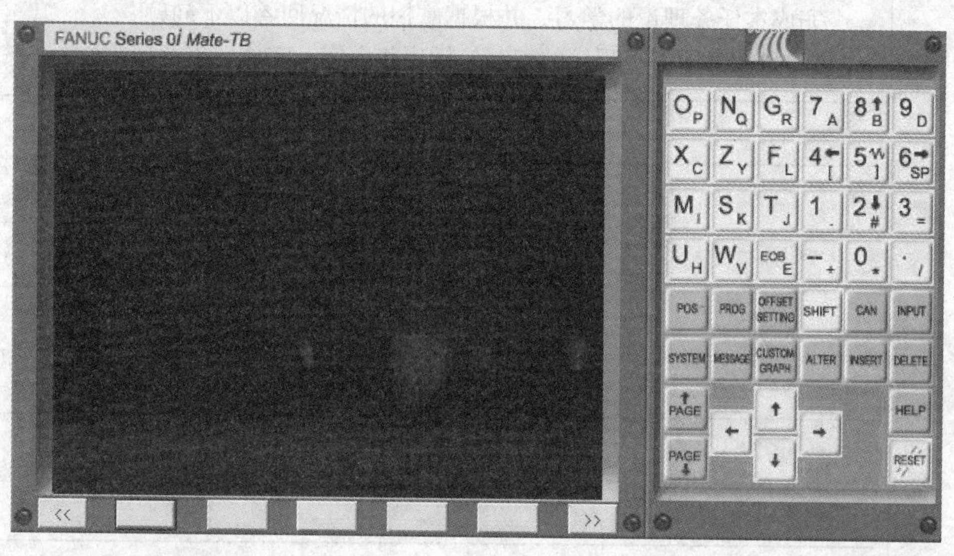

二、任务实施

学习环节	学习过程和内容
新课准备	知识回顾： 1. 回顾数控车床坐标系的确定方法。 2. 回顾数控车床基本操作技能。 3. 回顾对刀操作步骤及内容。 通过查阅资料做一些课前准备工作，并思考以下问题： 1. FANUC 0i Mate－TB 数控车床的数控系统操作面板与其他数控系统操作面板有什么不同？ 2. 数控车床程序输入与编辑工作有哪些内容？

理论学习

完成本任务理论的学习，并根据掌握的情况回答以下问题：

1. 数控车床加工程序的编制包括哪些内容？完成下表的填写。

序号	程序编制内容
1	
2	
3	
4	
5	
6	

2. 数控车床编程有哪几种方法？各有什么特点？完成下表的填写。

分类	定义	应用特点

3. 数控车床编程坐标系和编程原点如何确定？

理论学习

4．绝对坐标与相对（增量）坐标如何定义？举例说明，完成下表的填写。

分类	定义	举例
绝对坐标值		
相对（增量）坐标值		

5．举例说明数控车床加工程序结构，完成下表的填写。

加工程序	加工程序的结构说明
	程序号
	程序内容
	程序结束

6．举例说明程序段格式。

7．数控车床常用的功能指令有哪些？

实践操作

一、进入车间前应按要求穿戴好工作服等安全防护用品（女生必须戴工作帽，并将长发盘于帽中）。

二、认真听取老师讲解，仔细观察老师演示。

三、独立在数控车床上进行程序输入与编辑的操作练习。

在数控车床上输入与编辑下面的程序，并补齐横线空白处的内容：

序号	O0010;
N10	T0202;
N20	M03 S400 M08;
N30	G00 Z-8.0;
N40	X38.0;
N50	G75 R0.5;
N60	G75 X33.0 Z-45.0 P2000 Q2500 F0.1;
N70	G00 X38.0 Z-17.0;
N80	G75 R0.5;
N90	G75 X25.0 Z-36.0 P2000 Q2500 F0.1;
N100	G00 X100.0 Z100.0;
N110	M05 M09;
N120	M00;
N130	T0202;
N140	G00 X38.0 Z-8.0 S800 M03 M08;
N150	G01 X33.0 F0.1;
N160	Z-13.0;
N170	G03 X29.0 Z-15.0 R2.0;
N180	G02 X25.0 Z-17.0 R2.0;
N190	G01 Z-36.0;
N200	G02 X29.0 Z-38.0 R2.0;
N210	G03 X33.0 Z-40.0 R2.0;
N220	G01 Z-45.0;
N230	X38.0;
N240	G00 X100.0;
N250	Z100.0;
N260	M05 M09;
N270	M30;

实践操作	1．按________键，进入编辑运行方式。 2．按下________功能键。 3．输入地址 O，输入程序号 O0010，按下________键。 4．按下________键。 5．再次按下________键，即可在程序编辑界面上完成新程序“O0010”的输入。 四、举一例进行数控车床程序输入与编辑，记录操作步骤。

三、任务测评

先对本次任务自己进行检测，再请同学互检，合格后由指导老师评价，经老师签字，方可进行下一任务的实训。

项目与权重	序号	技术要求	配分	评分标准	检测记录	得分
纪律（20%）	1	准时到达实习场地	5	迟到全扣		
	2	学习工具齐全	5	不合格全扣		
	3	学习态度	10	不认真全扣		
程序输入与编辑（60%）	4	开机，关机	5	不正确全扣		
	5	创建程序	10	不正确全扣		
	6	调用程序	5	不正确全扣		
	7	删除程序	5	不正确全扣		
	8	删除程序段	5	不正确全扣		
	9	程序字的检索	5	不正确全扣		
	10	跳到程序开头	5	不正确全扣		
	11	程序字的插入	5	不正确全扣		
	12	程序字的替换	5	不正确全扣		
	13	程序字的删除	5	不正确全扣		
	14	输入过程中字的取消	5	不正确全扣		
安全文明生产（20%）	15	安全用品使用	10	不合格全扣		
	16	工作场所整理	10	不合格全扣		

项目二

数控车削仿真加工

任务 1　VNUC 数控仿真软件的使用

一、工作任务

本任务是通过实际操作如图所示 VNUC 数控车床仿真软件数控操作界面，学习 VNUC 数控车床仿真软件的启动和文件管理的方法。同时，初步掌握 VNUC 数控车床仿真软件数控操作界面各组成部分的功能。

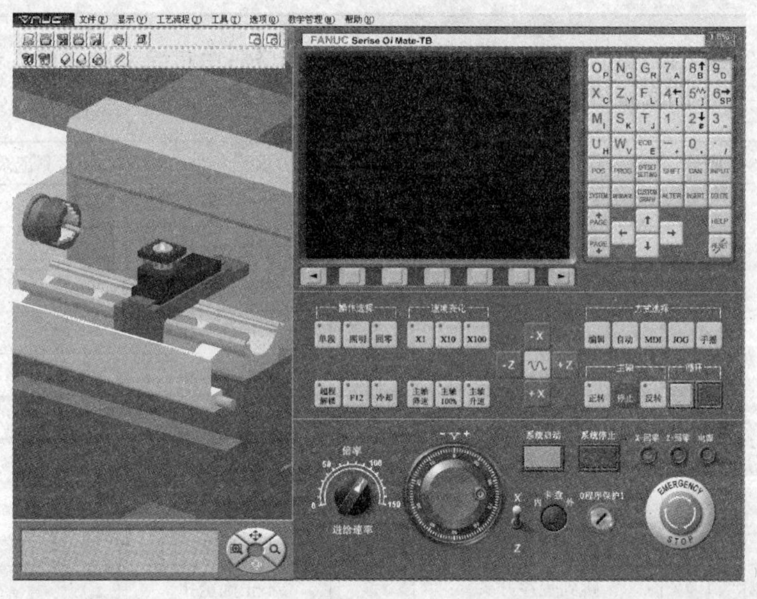

二、任务实施

学习环节	学习过程和内容
新课准备	通过查阅资料等方式做一些课前准备工作，并思考以下问题： 1. VNUC 数控仿真软件是一款什么样的软件？

新课准备

2. 你还能举出几种数控仿真软件吗？

理论学习

完成本任务理论的学习，并根据掌握的情况回答以下问题：

1. VNUC 数控仿真软件有哪些主要功能？完成下表的填写。

序号	功能说明
1	
2	
3	
4	
5	
6	
7	

2. 在下面图上标出 VNUC 数控车床仿真软件数控操作界面组成部分。

理论学习

3．VNUC 数控车床仿真软件数控操作界面各组成部分的内容及功能是什么？完成下表的填写。

组成	内容及功能

实践操作

一、进入计算机机房前应按要求穿好鞋套。

二、认真听取老师讲解，仔细观察老师演示。

三、独立在计算机上进行 VNUC 数控车床仿真软件启动、文件管理的操作练习，并补齐横线空白处的内容。

1．软件启动

操作步骤：在电脑并口上插上加密狗；点击桌面上服务器的图标或者依次点击 Windows 的【开始】→【程序】→【LegalSoft】→【VNUC3.0】→【网络版】→【Server】→【VNUC 服务器】启动服务器。双击电脑桌面上的软件图标，或者依次点击 Windows 的【开始】→【程序】→【LegalSoft】→【VNUC3.0】→【网络版】→【VNUC3.0 网络版】，弹出登录系统窗口。“用户名”“密码”栏分别输入名称和密码。然后按“登录”键，就可打开 VNUC 系统。

2．新建项目

操作步骤：单击菜单栏________→____________，系统即建立了一个新项目。

3．保存项目

操作步骤：单击菜单栏________→____________，弹出 Windows “另存为”对话框；在对话框中选择要保存项目文件的文件夹和路径，在文件名栏输入项目的名称；按“保存”键保存。

4．打开项目

操作步骤：单击菜单栏________→____________，弹出 Windows “打开”对话框；在对话框中选择保存项目文件的文件夹和文件；按“打开”键打开。

<table>
<tr><td>实践
操作</td><td>5．保存代码文件
操作步骤：单击菜单栏________→____________________，弹出 Windows “另存为”对话框；在对话框中选择要存放零件文件的文件夹和路径，在文件名栏输入项目的名称；按“保存”键保存。
6．导入代码文件
操作步骤：单击菜单栏________→____________________，弹出 Windows “打开”对话框；在对话框中选择保存零件的文件夹和文件；按“打开”键打开。
7．保存零件文件
操作步骤：单击菜单栏________→____________，弹出 Windows“另存为”对话框；在对话框中选择要存放零件文件的文件夹和路径，在文件名栏输入项目的名称；按“保存”键保存。
8．导入零件文件
操作步骤：单击菜单栏________→____________，弹出 Windows“打开”对话框；在对话框中选择保存零件的文件夹和文件；按“打开”键打开。
四、按要求完成本任务的操作后，根据完成情况回答以下问题：
1．单机版软件的启动步骤是什么？

2．首次使用客户端软件的用户如何登录使用软件？</td></tr>
</table>

三、任务测评

先对本次任务自己进行检测，再请同学互检，合格后由指导老师评价，经老师签字，方可进行下一任务的实训。

项目与权重	序号	技术要求	配分	评分标准	检测记录	得分
纪律（20%）	1	准时到达机房	5	迟到全扣		
	2	学习工具齐全	5	不合格全扣		
	3	学习态度	10	不认真全扣		
VNUC 软件的使用（70%）	4	软件的启动	25	不正确全扣		
	5	管理项目	15	不正确全扣		
	6	管理代码文件	15	不正确全扣		
	7	管理零件	15	不正确全扣		
安全文明（10%）	8	工作场所整理	10	不合格全扣		

任务 2　仿真加工实例

一、工作任务

本任务是在计算机上使用 FANUC 0i 数控系统仿真加工如图所示零件的左端，毛坯为 45 钢的棒料，小批量生产。

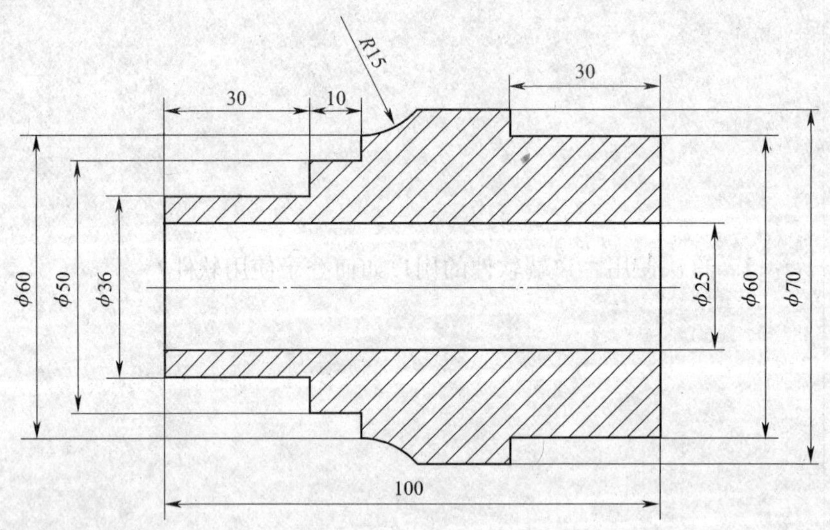

二、任务实施

学习环节	学习过程和内容
新课准备	知识回顾： 1. 回顾 VNUC 数控仿真软件的主要功能。 2. 回顾 VNUC 数控车床仿真软件数控操作界面的组成。 3. 回顾 VNUC 数控车床仿真软件的启动和文件管理的方法。

新课准备

通过查阅资料等方式做一些课前准备工作，并思考以下问题：

VNUC 数控车床仿真软件加工零件的方法有哪些内容？

理论学习

完成本任务理论的学习，并根据掌握的情况回答以下问题：

1. VNUC 数控仿真软件中机床的使用有哪些内容？完成下表的填写。

序号	内　容
1	
2	
3	
4	
5	
6	
7	
8	
9	
10	

2. VNUC 数控仿真软件中数控车床刀具库管理有哪些内容？完成下表的填写。

序号	内　容
1	
2	
3	
4	
5	

理论学习

3. VNUC 数控仿真软件中数控车床毛坯管理有哪些内容？完成下表的填写。

序号	内　容
1	
2	
3	
4	
5	
6	
7	

实践操作

一、进入计算机机房前应按要求穿好鞋套。

二、认真听取老师讲解，仔细观察老师演示。

三、独立在计算机上使用 FANUC 0i 数控系统仿真加工本任务，并补齐横线空白处的内容。

加工步骤：

1. 启动服务器，然后在客户端电脑桌面上双击软件图标，或者依次点击 Windows 的【开始】→【程序】→【LegalSoft】→【VNUC3.0】→【网络版】→【VNUC3.0 网络版】，弹出登录系统窗口，输入用户名和密码，按“登录”键进入。

2. 从软件的菜单栏里的________中选择________________，进入选择机床对话框，选择 FANUC 0i 数控系统。

3. 机床回零点。

4. 单击主界面菜单栏__________下的________项，就可以打开数控车床的毛坯库，按毛坯库窗口中的“新毛坯”键，弹出毛坯设置窗口。在窗口左侧设置毛坯的有关参数，右侧查看框里显示设置的情况。按“确定”键关闭毛坯窗口，返回毛坯库窗口。选中毛坯列表中要安装的毛坯。按“安装此毛坯”键。按“确定”键关闭毛坯库窗口。毛坯被安装到机床夹具上，同时弹出调整夹具窗口。单击“向左”“向右”键，可以调整毛坯和夹具的相对位置。调整完毕后，按“关闭”键。

5. 单击主界面菜单栏__________下的__________项，就可以打开数控车床的刀具库。在刀具列表中点击选中 93°车刀，然后选择外圆车刀，根据加工工艺需要设定刀具的具体参数。完成设置后，按“完成编辑”键，刀具列表中会出现新建立的刀具。按刀具库窗口下方的“确定”键，窗口自动关闭。同时，数控车床的刀架上出现新建立的刀具。

实践操作	6. 选主轴[正转]，在控制面板上按[JOG]，选择“JOG”方式，按[+Z]和[+X]，试切端面和外圆。在菜单栏里单击________下的________选项，测量出试切毛坯直径为________ mm。单击 OFFSET SETTING [OFFSET SETTING]，此时出现画面。单击“补正”下面的按钮出现画面。将光标移动到“G 01”行段，在输入区域内输入________，单击软键________即可完成 X 向刀具补正参数的输入。切削端面后，在输入区域内输入________即可。 7. 按[自动]，选择“自动”方式。选择________下的________________，会出现对话框。在存放代码的文件夹中找寻代码文件（即用户编写的程序，此代码文件路径是个人规定的），找到文件后，双击，代码就会自动出现在显示窗口中。 8. 开启循环启动按钮[循环]。自动加工，工件生成。 四、试举一例进行数控仿真加工，记录操作步骤。

三、任务测评

先对本次任务自己进行检测，再请同学互检，合格后由指导老师评价，经老师签字，方可进行下一任务的实训。

项目与权重	序号	技术要求	配分	评分标准	检测记录	得分
纪律（20%）	1	准时到达机房	5	迟到全扣		
	2	学习工具齐全	5	不合格全扣		
	3	学习态度	10	不认真全扣		
仿真加工（70%）	4	打开仿真软件选择机床	10	不正确全扣		
	5	机床回零点	10	不正确全扣		
	6	安装工件和工艺装夹	10	不正确全扣		
	7	安装刀具	10	不正确全扣		
	8	建立工件坐标系	10	不正确全扣		
	9	上传 NC 语言	10	不正确全扣		
	10	自动加工	10	不正确全扣		
安全文明（10%）	11	工作场所整理	10	不合格全扣		

项目三

数控车削编程加工入门

任务1　台阶轴编程加工

一、工作任务

完成如图所示台阶轴的数控编程加工。

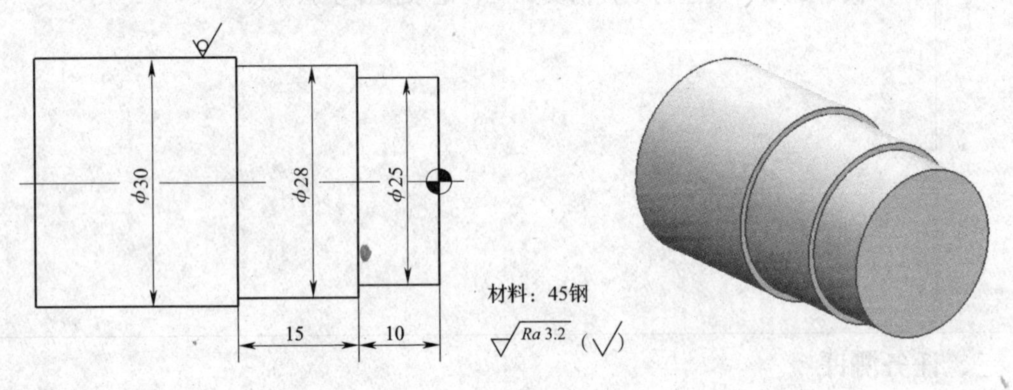

二、任务准备

ϕ30 mm × 50 mm 的圆钢，硬质合金外圆车刀，0 ~ 150 mm 规格的游标卡尺。

三、任务实施

学习环节	学习过程和内容
新课准备	知识回顾：数控编程基础知识、切削用量三要素及切削用量的选用原则。
理论学习	一、数控车削加工路线 1. 在数控加工中，何为车削加工路线？数控加工中，确定加工路线的重点是什么？

理论 学习	2. 数控车削加工中，应如何确定起刀点和换刀点？在下图中标出起刀点和换刀点的位置，并给出坐标值。 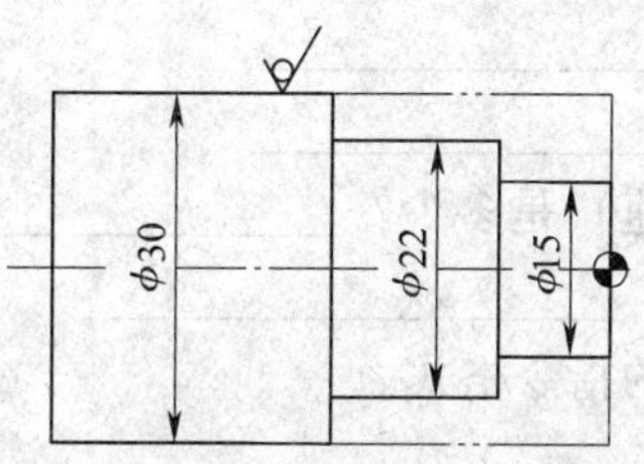 3. 台阶轴常用的粗车加工路线有哪两种？在上图中画出分段粗车的加工路线，背吃刀量（单边）不大于 3 mm。 二、基点的概念及基点坐标的确定 什么是基点？确定上图所示零件轮廓上的基点，并根据选定的编程原点写出基点坐标。 三、常用插补指令 1. 回忆项目一中的编程知识，回答问题： (1) 数控系统常用功能有哪三大类？

理论 学习	（2）从程序段的内容来看，用选定的刀具从起点移动至终点，必须在程序段中明确以下几点，写出与其相关的功能指令。 1）沿什么样的轨迹移动？____________ 2）移动的目标是哪里？____________ 3）移动的速度是多少？____________ 4）刀具的切削速度（主轴转速）是多少？____________ 5）机床还需要哪些辅助动作？____________ 2. 写出快速点定位指令 G00 的指令格式。 3. 写出直线插补指令 G01 的指令格式。 4. 写出自动返回参考点指令 G28 的指令格式。 四、数控车程序的程序开始与程序结束 1. 回忆项目一中的编程知识，回答问题： 完整的程序包括______、______、______。 2. 给下列数控车程序补充注释： O0010； N10 G99 G40 G21；　　（程序初始化） N20 G28 U0 W0；　　（______，为换刀做准备） N30 T0101；　　（换刀并引入______） N40 M03 S800 M08；　　（______，转速 800 r/min，______） N50 G00 X52.0 Z2.0；　　（快速到达______） ⋮ N210 G28 U0 W0；　　（返回______） N220 M05 M09；　　（______，______） N230 M30；　　（______，光标回到起始行）

实践操作

一、制定加工方案及加工路线

观看本任务零件加工演示，讨论并确定数控车削台阶轴的加工方案。

二、基点坐标的确定

（1）加工轨迹中，用虚线表示快速移动，实线表示切削进给。

（2）注意加工路线中起刀点、切入点、切出点位置的确定。

在下图中标出轮廓精加工路线，并确定各基点坐标。

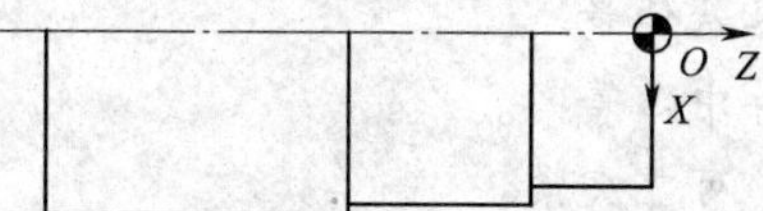

三、程序编制

在下表中编写精加工程序，并作注释。

程序段号	加工程序	程序说明
	O3010；	程序号

实践操作

操作

听老师讲解实践操作的操作要点和注意事项，在实习场地完成以下操作。

一、完成加工准备

（1）开机床，系统通电，完成机床回零操作。

（2）检查毛坯规格尺寸和硬质合金外圆车刀刃磨情况。

（3）校正量具备用。

（4）安装毛坯时，注意伸出长度应适当。

二、安装外圆车刀

（1）注意尽可能减少刀具悬伸量。

（2）调整车刀刀尖与工件中心等高。

（3）注意装正外圆车刀，可靠夹紧。

三、完成外圆车刀的对刀及刀补验证操作

（1）先熟悉对刀操作步骤，再按步骤实施。

（2）试切端面、外圆时应注意控制背吃刀量。

（3）准确测量，保证对刀精度。

四、完成零件加工

（1）自动加工中，将屏幕显示切换至程序检视界面，单段运行程序，检查一段，执行一段，发现问题及时按下 RESET 键复位。

（2）加工时，操作者应全神贯注，密切注意加工情况，两只手分别控制循环启动按钮及复位键，发生问题及时处理，紧急情况下，按“急停”按钮。

四、任务测评

先对本次任务自己进行检测，合格后交指导老师检测评分。

工件编号				总得分		
项目与权重	序号	技术要求	配分	评分标准	检测记录	得分
工件加工（20%）	1	ϕ25 mm 外圆尺寸正确	5	不正确全扣		
	2	ϕ28 mm 外圆尺寸正确	5	不正确全扣		
	3	10 mm 及 15 mm 尺寸正确	5	不正确全扣		
	4	表面粗糙度符合要求	5	每错一处扣 2 分		

续表

工件编号				总得分		
项目与权重	序号	技术要求	配分	评分标准	检测记录	得分
程序与加工工艺（30%）	5	程序格式规范	10	每错一处扣 2 分		
	6	程序正确、完整	10	每错一处扣 2 分		
	7	工艺合理	5	不合理每处扣 1 分		
	8	程序参数合理	5	不合理每处扣 1 分		
机床操作（30%）	9	对刀及刀补设定	10	每错一处扣 2 分		
	10	机床面板操作正确	10	每错一处扣 2 分		
	11	手动操作正确	5	每错一处扣 2 分		
	12	意外情况处理合理	5	每错一次扣 2 分		
文明生产（20%）	13	安全操作	5	不合格全扣		
	14	机床维护与保养	10	不合格全扣		
	15	工作场所整理	5	不合格全扣		

任务 2　圆锥轮廓零件编程加工

一、工作任务

完成如图所示圆锥轮廓零件的数控编程加工。

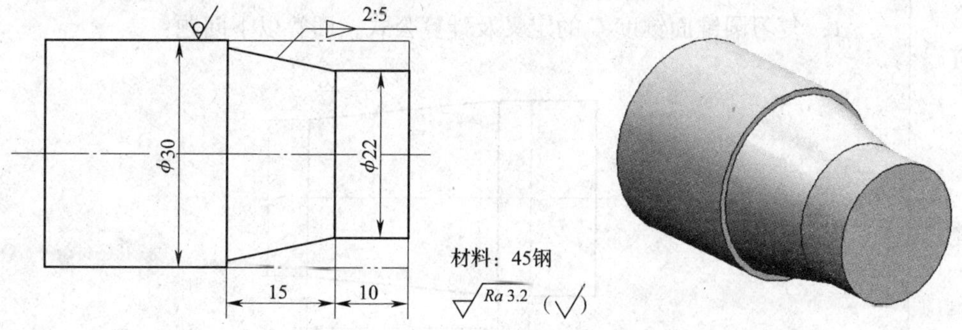

二、任务准备

ϕ30 mm × 50 mm 的圆钢（也可沿用任务 1 的工件），硬质合金外圆车刀，0 ~ 150 mm 规格的游标卡尺，万能角度尺。

三、任务实施

<table>
<tr><th>学习环节</th><th>学习过程和内容</th></tr>
<tr><td>新课准备</td><td>知识回顾：圆锥面锥度 C 的定义及计算公式；加工路线的确定原则；直线插补指令 G01 的指令格式；数控车加工开始和结束程序段的编程模式。</td></tr>
<tr><td>理论学习</td><td>一、圆锥面的数控车削加工路线
在下图中分别画出两种圆锥面粗车的加工路线，背吃刀量（单边）不大于3 mm，精加工余量0.5 mm（双边）。
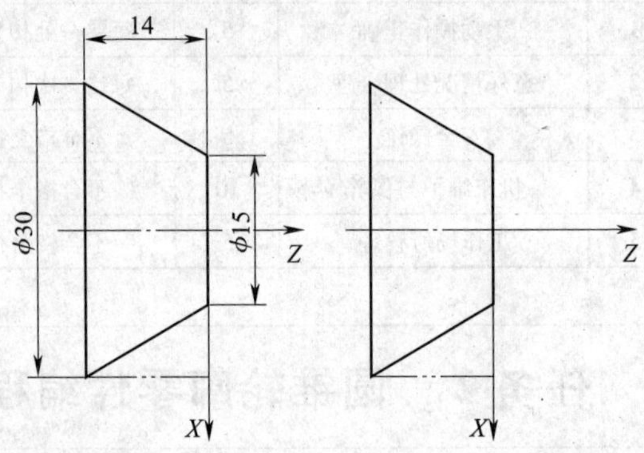

二、圆锥面车削加工编程
1. 复习圆锥面锥度 C 的定义及计算公式，回答以下问题：
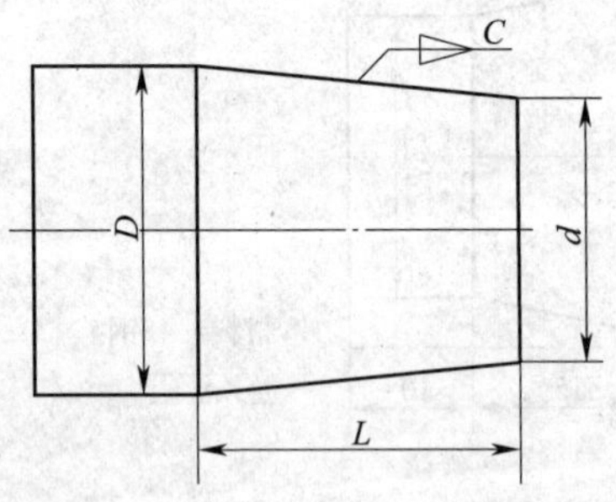

（1）圆锥面锥度 C 的定义。

（2）圆锥半角 $\alpha/2$ 与锥度 C 的关系式。</td></tr>
</table>

理论学习

（3）已知上图中圆锥面大端直径 $D=40$ mm，圆锥长度 $L=40$ mm，锥度 $C=1:5$，求小端直径 d 和圆锥半角 $\alpha/2$。

2. 试根据加工路线确定起点、终点坐标，用 G01 指令编写切削加工程序。

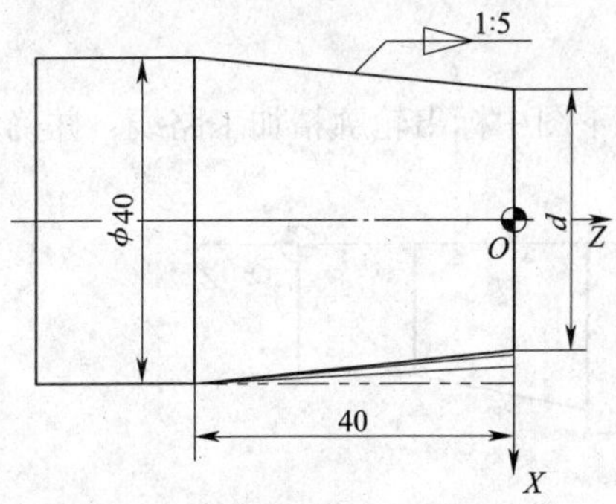

1:5

$\phi 40$

d

O

Z

40

X

	起点坐标	终点坐标
第一层粗车	（　　　　）	（　　　　）
第二层粗车	（　　　　）	（　　　　）
精车	（　　　　）	（　　　　）

O0010；

N10 ______；　　（换刀并引入该刀具刀补）

N20 ____________；（主轴正转，转速 500 r/min，切削液开）

N30 ____________；（快速到达起刀点）

N40

N50

N60

N70

N80

N90

N100 S1000；　　（主轴变速）

N110

N120

N130 ________；　　（返回换刀点）

N140 ______；　　（主轴停转，切削液关）

N150 ______；　　（程序结束，光标回到起始行）

实践操作

一、制定加工方案及加工路线

通过观看本任务零件仿真加工过程，熟悉分段粗车，按轮廓精车的数控车削加工路线。

二、数值计算及基点坐标的确定

1. 圆锥面各部分尺寸计算

本任务中，已知圆锥面小端直径 $d = 22$ mm，圆锥长度 $L = 15$ mm，锥度 $C = 2:5$，求大端直径 D 及圆锥半角 $\alpha/2$。

2. 在下图中标出轮廓精加工路线，并确定各基点坐标。

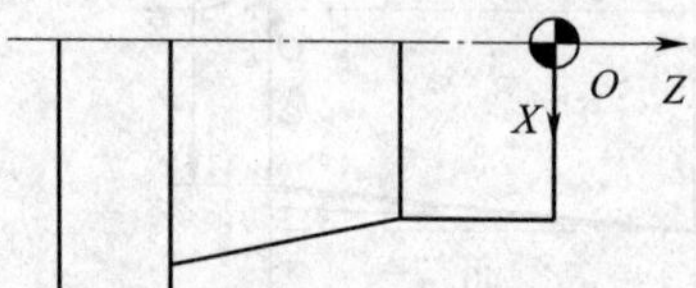

换刀点

三、程序编制

在下表中编写精加工程序，并作注释。

程序段号	加工程序	程序说明

实践操作	 **操作** 在实习场地完成从加工准备到零件加工检测全过程，先考虑好相关步骤并写下来。

四、任务测评

先对本次任务自己进行检测，合格后交指导老师检测评分。

工件编号				总得分		
项目与权重	序号	技术要求	配分	评分标准	检测记录	得分
工件加工（20%）	1	ϕ22 mm 外圆尺寸正确	5	不正确全扣		
	2	10 mm 及 15 mm 尺寸正确	5	不正确全扣		
	3	锥度正确	5	不正确全扣		
	4	表面粗糙度符合要求	5	每错一处扣 2 分		
程序与加工工艺（30%）	5	程序格式规范	10	每错一处扣 2 分		
	6	程序正确、完整	10	每错一处扣 2 分		
	7	工艺合理	5	不合理每处扣 1 分		
	8	程序参数合理	5	不合理每处扣 1 分		
机床操作（30%）	9	对刀及刀补设定正确	10	每错一处扣 2 分		
	10	机床面板操作正确	10	每错一处扣 2 分		
	11	手动操作正确	5	每错一处扣 2 分		
	12	意外情况处理合理	5	每错一次扣 2 分		
文明生产（20%）	13	安全操作	5	不合格全扣		
	14	机床维护与保养	10	不合格全扣		
	15	工作场所整理	5	不合格全扣		

任务 3　圆弧轮廓零件编程加工

一、工作任务

完成如图所示圆弧轮廓工件的数控编程加工。

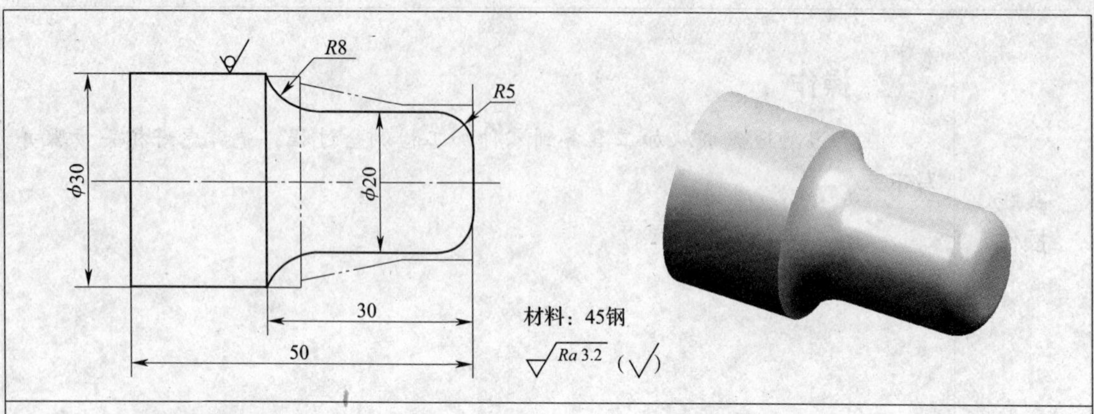

二、任务准备

沿用任务2的工件，硬质合金外圆车刀，0 ~ 150 mm 规格的游标卡尺，1 ~ 6.5 mm、7 ~ 15 mm 的半径样板各一。

三、任务实施

学习环节	学习过程和内容
新课准备	知识回顾：加工路线的确定原则；直线插补指令 G01 的指令格式；数控车加工开始和结束程序段的编程模式。
理论学习	一、圆弧面的数控车削加工路线 1. 数控加工中，凸弧车削加工路线有哪几种？比较优缺点。 2. 数控加工中，凹弧车削加工路线有哪几种？比较优缺点。 二、常用插补指令 数控系统提供圆弧插补功能用于圆弧编程加工。 1. 写出圆弧插补指令 G02/G03 的指令格式。

理论学习

2．简述顺逆圆弧的判别方法，并在图中标出箭头所示方向是 G02 还是 G03？

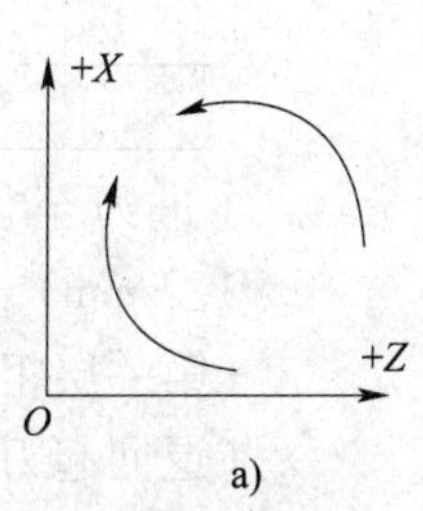

a)

后置刀架，Y 轴朝上

O +Z +X

b)

前置刀架，Y 轴朝下

三、圆弧面车削加工编程

试按圆弧偏移法的加工工艺编写图示工件的加工程序。（ϕ30 mm 外圆加工已完成）

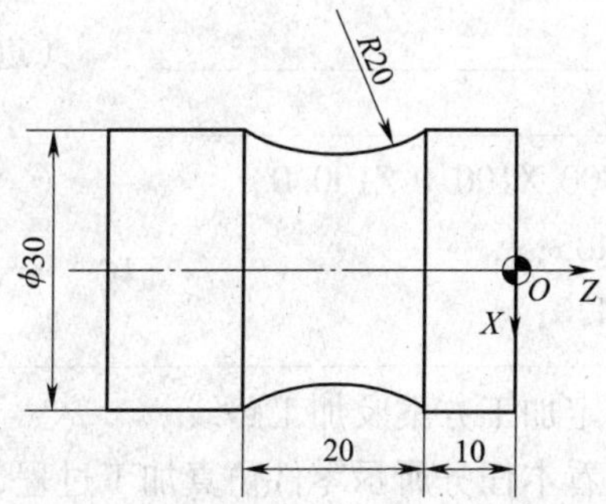

1．相关计算

根据图示尺寸确定凹弧 X 方向切除余量 Δi，并估算粗切次数 d。

为防止第一刀背吃刀量过大，次数不为整数时进位估算。

2．确定圆弧车削起刀点和切入、切出点，并填入下表。

走刀	背吃刀量（单边）	切入点坐标	切出点坐标
第一层粗车	1. 2 mm		
第二层粗车	1. 18 mm		
精车	0. 3 mm		

注：根据粗切次数分配每一次走刀的背吃刀量。

理论学习

3. 根据注释完成程序编制，并在图中画出加工路线。

O0201；

N10 T0101；	(________________)
N20 S500 M03；	(________________)
N30 G00 X35.0 Z-10.0；	(________________)
N40 ________________	(进刀至切入点，背吃刀量为单边 1.2 mm)
N50 ________________	(第一层粗车，进给量 0.15 mm/r)
N60 ________________	(退回起刀点)
N70 ________________	(进刀至切入点，*X* 向留双边 0.6 mm 精加工余量)
N80 ________________	(第二层粗车)
N90 ________________	(退回起刀点)
N100 S1000；	(主轴变速)
N110 ________________	(进刀至精加工切入点)
N120 ________________	(精车，进给量 0.08 mm/r)
N130 G00 X100.0 Z100.0；	(________________)
N140 M05；	(________________)
N150 M30；	(________________)

实践操作

一、制定加工方案及加工路线

通过观看本任务所示零件仿真加工过程，熟悉分层粗车、按轮廓精车的数控车削加工路线。

二、数值计算及基点坐标的确定

1. 圆弧端点的坐标值计算。

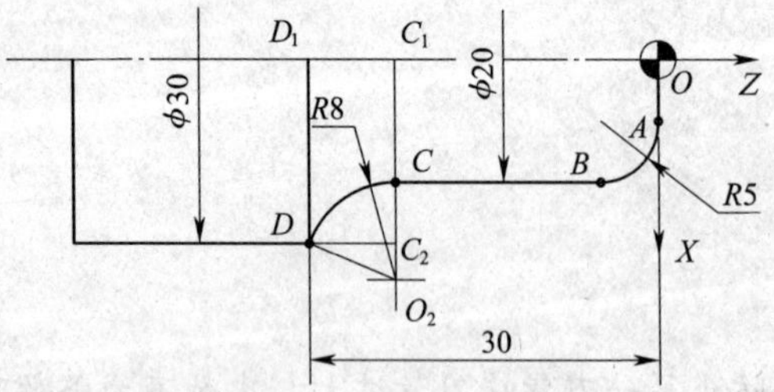

根据图形及尺寸关系可知，*R*5 mm 圆弧为 1/4 圆，选择工件右端面的回转中心作为工件的编程原点，圆弧起点 *A* 的坐标值为________，圆弧终点 *B* 的坐标值为________。

根据尺寸关系分析判断可知，*R*8 mm 圆弧并非是 1/4 圆弧，已知圆弧起始点 *C* 点的 *X* 坐标为________，圆弧终点 *D* 点的坐标值为（________，________），试采用平面几何的方法求 *C* 点的 *Z* 坐标值。

实践操作

确定圆弧端点坐标时，不要想当然地认为拐角处都是1/4圆弧，应正确分析尺寸关系。

2. 在下图中标出轮廓精加工路线，并确定各基点坐标。

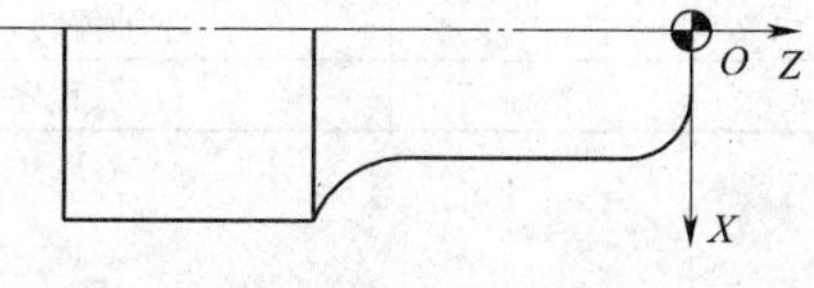

换刀点

三、程序编制

按要求在下表中填写加工程序或注释。

程序段号	加工程序	程序说明
		程序号
N10		程序初始化，每转进给，公制尺寸
N20		换1号刀，执行1号刀补
N30		主轴正转，切削液开
N40		快速定位至起刀点
N50	G00 X15.0；	第一层粗车，最大背吃刀量为单边2.5 mm
N60	G01 X15.0 Z0 F0.2；	
N70	G03 X25.0 Z－5.0 R5.0；	
N80	G01 X25.0 Z－22.584；	
N90	G02 X35.0 Z－30.0 R8.0；	
N100	G00 Z2.0；	
N110	G00 X10.6 Z2.0；	第二层粗车，最大背吃刀量为单边2.2 mm
N120	G01 X10.6 Z0；	
N130	G03 X20.6 Z－5.0 R5.0；	
N140	G01 X20.6 Z－22.584；	
N150	G02 X30.6 Z－30.0 R8.0；	
N160	G00 Z2.0；	
N170	G00 X100.0 Z100.0；	
N180	S1000；	
N190	G00 X10.0 Z2.0；	
N200	G01 X10.0 Z0 F0.1；	

实践操作

续表

程序段号	加工程序	程序说明
		程序号
N210	G03 X20.0 Z－5.0 R5.0；	
N220	G01 X20.0 Z－22.584；	
N230	G02 X30.0 Z－30.0 R8.0；	
N240		快速退刀
N250		主轴停转，切削液关
N260		程序结束

操作

在实习场地完成从加工准备到零件加工检测全过程。

用半径样板检测圆弧半径时，发现什么问题了吗？

四、任务测评

先对本次任务自己进行检测，合格后交指导老师检测评分。

工件编号				总得分		
项目与权重	序号	技术要求	配分	评分标准	检测记录	得分
工件加工（20%）	1	ϕ20mm 外圆尺寸正确	5	不正确全扣		
	2	30 mm 尺寸正确	5	不正确全扣		
	3	*R*5 mm、*R*8 mm 圆弧正确	5	不正确全扣		
	4	表面粗糙度符合要求	5	每错一处扣 2 分		
程序与加工工艺（30%）	5	程序格式规范	10	每错一处扣 2 分		
	6	程序正确、完整	10	每错一处扣 2 分		
	7	工艺合理	5	不合理每处扣 1 分		
	8	程序参数合理	5	不合理每处扣 1 分		
机床操作（30%）	9	对刀及刀补设定正确	10	每错一处扣 2 分		
	10	机床面板操作正确	10	每错一处扣 2 分		
	11	手动操作正确	5	每错一次扣 2 分		
	12	意外情况处理合理	5	每错一次扣 2 分		
文明生产（20%）	13	安全操作	5	不合格全扣		
	14	机床维护与保养	10	不合格全扣		
	15	工作场所整理	5	不合格全扣		

任务4　刀尖圆弧半径补偿编程

一、工作任务

如图所示工件，毛坯为 $\phi60$ mm × 72 mm 的圆钢，试编写其右端轮廓的精加工程序。

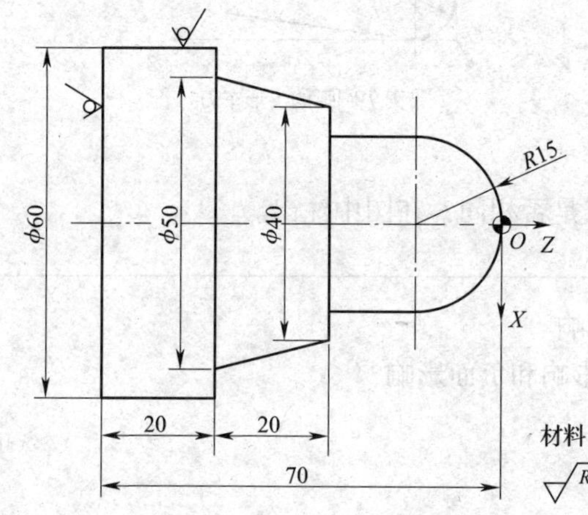

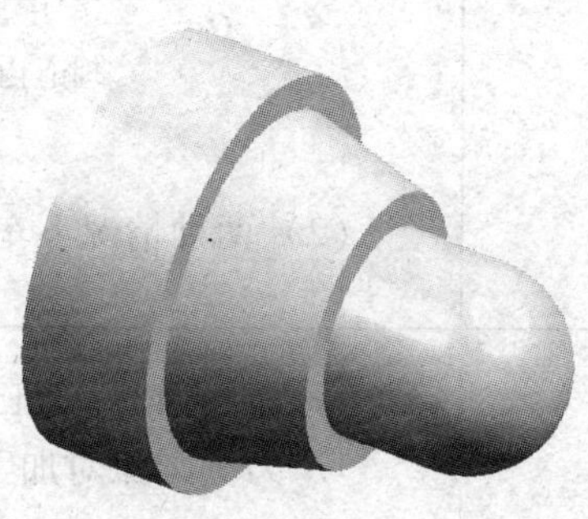

二、任务准备

数控车床、机夹式外圆车刀。

三、任务实施

学习环节	学习过程和内容
新课准备	知识回顾：工艺学中有关切削加工中影响表面粗糙度的因素；常用插补指令的指令格式；精加工程序编写方法。 通过查阅资料等方式做一些课前准备工作，并思考以下问题： 1．切削加工中如何减小残留面积的高度，降低工件的表面粗糙度值？ 2．观看试切法对刀的相关演示，讨论以下问题： （1）实际加工中带刀尖圆弧车刀的切削点与理论上的尖形车刀对刀时的切削点有何不同之处？在下图中注出。

<table>
<tr>
<td>新课
准备</td>
<td> 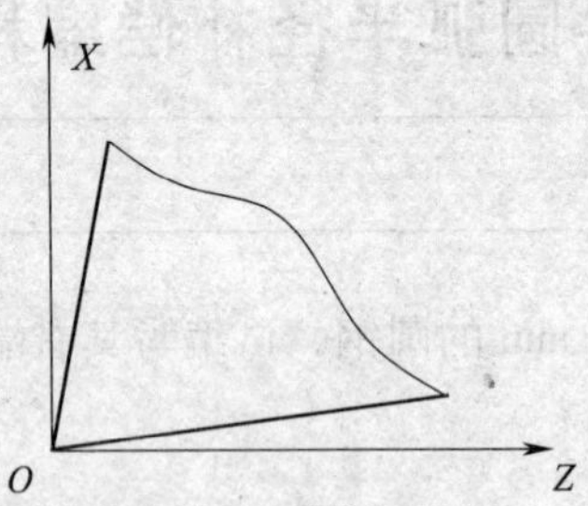理论上的尖形车刀 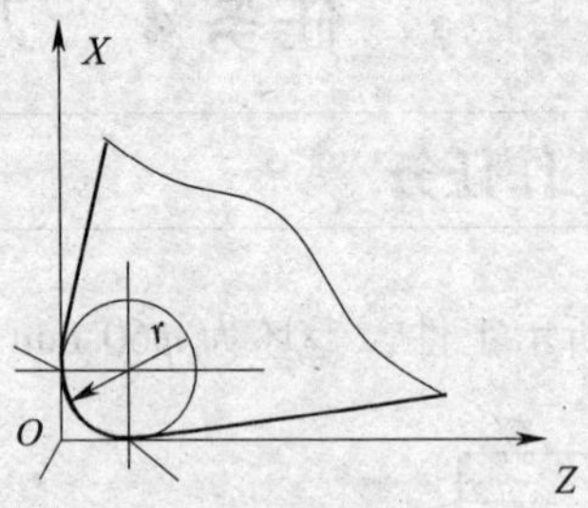
带刀尖圆弧的尖形车刀

（2）两种情况下车刀的刀位点是否相同？在图中注出。</td>
</tr>
<tr>
<td>理论
学习</td>
<td>一、刀尖圆弧对工件加工的影响
1. 刀尖圆弧对加工有何正面影响和负面影响？

2. 在图中注出圆锥面加工中的理论轮廓和实际轮廓，并对刀尖圆弧在加工中造成的误差进行分析。 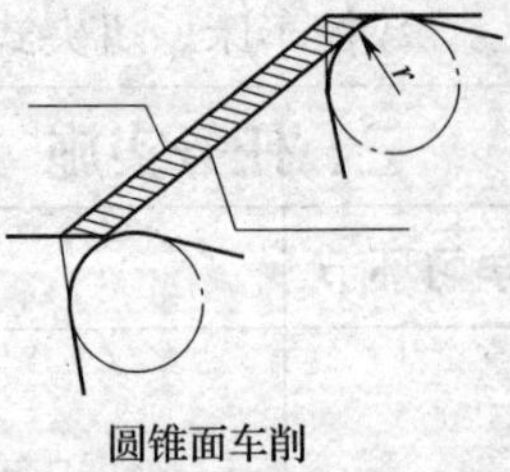

圆锥面车削

3. 在图中注出在圆弧加工中的理论轮廓和实际轮廓，并对刀尖圆弧在加工中造成的误差进行分析。 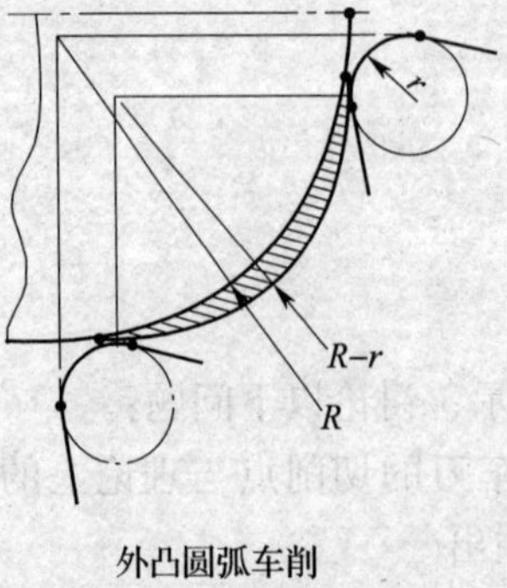

外凸圆弧车削 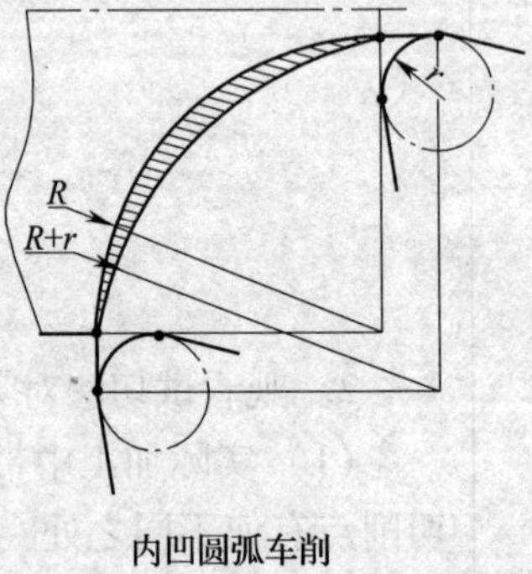
内凹圆弧车削</td>
</tr>
</table>

理论学习	二、刀尖圆弧半径补偿（G41、G42、G40） 1. 说出刀尖圆弧半径补偿的定义。 2. 写出刀尖圆弧半径补偿指令的格式。 3. 刀尖圆弧半径补偿偏置方向应如何判别？试判别图中的补偿偏置方向并标出。 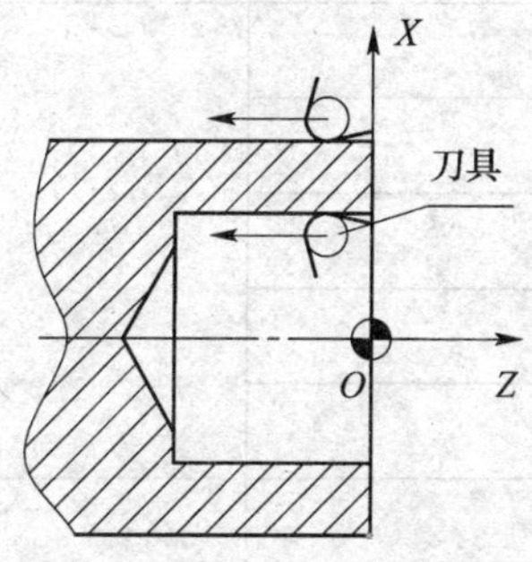 后置刀架，+Y轴向外 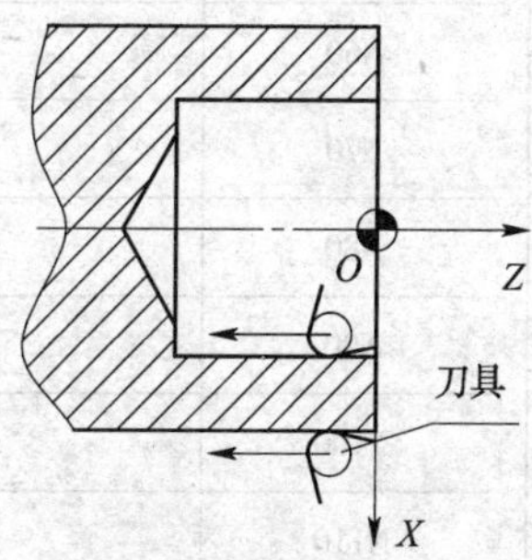 前置刀架，+Y轴向内 4. 刀尖圆弧半径补偿的过程分哪三步？
实践操作	一、确定零件的精加工路线 在下图中标出轮廓的精加工路线，并确定各基点坐标。 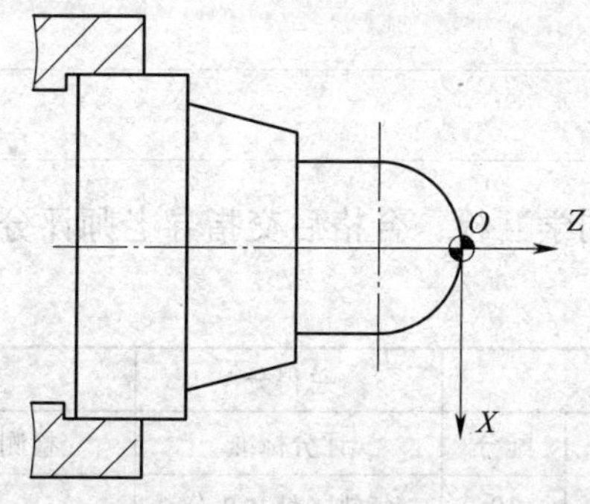 换刀点 

实践操作	二、程序编制 在下表中编写精加工程序，并作注释。

程序段号	加工程序	程序说明
N10	G99 G21 G18；	
N20	T0101；	
N30	M03 S1000 M08；	
N40		快速进刀至切入点
N50		刀尖圆弧半径补偿的建立
N60		补偿的进行
N70		
N80		
N90		
N100		
N110		补偿的取消
N120	M05 M09；	
N130	M30；	

三、刀具刀沿位置及刀尖圆弧半径补偿值的设置

1. 讨论并确定外圆正偏刀刀沿位置及刀尖圆弧半径补偿值。
2. 在实习场地分组完成刀沿位置及刀尖圆弧半径补偿值的设置。

四、任务测评

先对本次任务自己进行检测，再请同学互检，合格后交指导老师评分，经老师签字，方可进行下一任务的实训。

工件编号				总得分		
项目与权重	序号	技术要求	配分	评分标准	检测记录	得分
加工路线及基点坐标（30%）	1	加工路线正确合理	10	每错一处扣2分		
	2	基点坐标正确	20	每错一处扣2分		

续表

工件编号				总得分		
项目与权重	序号	技术要求	配分	评分标准	检测记录	得分
程序与加工工艺（30%）	3	程序格式规范	10	每错一处扣 2 分		
	4	程序正确、完整	10	每错一处扣 2 分		
	5	工艺合理	5	不合理每处扣 1 分		
	6	程序参数合理	5	不合理每处扣 1 分		
机床操作（20%）	7	刀具刀沿位置的设置正确	5	不正确全扣		
	8	刀尖圆弧半径补偿值的设置正确	5	不正确全扣		
	9	手动操作正确	10	每错一次扣 2 分		
文明生产（20%）	10	安全操作	5	不合格全扣		
	11	机床维护与保养	10	不合格全扣		
	12	工作场所整理	5	不合格全扣		

项目四

内、外轮廓加工

任务1　单一固定循环 G90 车削外圆

一、工作任务

如图所示工件，试编写其数控车加工程序并进行加工。

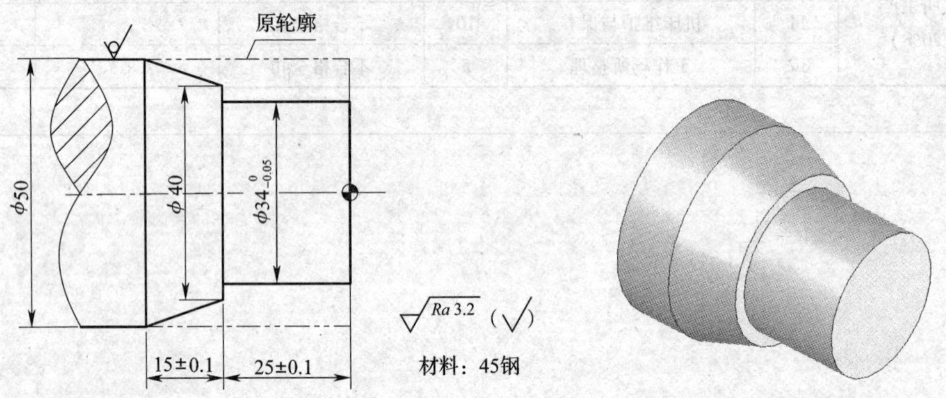

二、任务准备

ϕ50 mm × 90 mm 的圆钢，工具、量具、刃具按教材清单准备。

三、任务实施

学习环节	学习过程和内容
新课准备	知识回顾：与轴类零件加工相关的工艺知识；常用插补指令的指令格式及功能。 观看 G90 车外圆的相关视频，讨论并回答以下问题： 1. G90 指令可以加工哪些外圆表面？ 2. G90 指令走刀轨迹有何特点？与前面学习过的 G00、G01 代码在功能上有何区别？

理论学习	

一、内、外圆切削单一固定循环 G90

1. 用 G00、G01 代码编程加工简单轴类零件，当粗加工余量较大时编程有何特点？

2. 分析图中加工轨迹，回答以下问题：

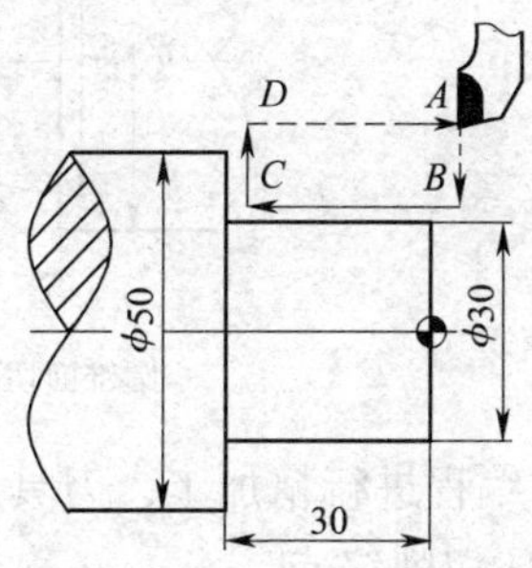

（1）用 G90 编程进行精加工，刀具从当前点 $A \to B \to C \to D \to A$ 走刀，其中________点为循环切削终点，________点为切削时的循环起点。试编写该程序段：____________________。

（2）用 G90 编程进行粗加工。

1）确定循环起点

2）若精加工余量为 0.6 mm（直径量），则粗加工余量为________mm。

3）若选用机夹外圆车刀，用若干个 G90 分层切削进行粗车，背吃刀量为 4 mm（直径量），填表确定每次分层时切削循环终点处的坐标并写出相应程序段。

走刀	终点坐标	程序段
粗加工第一层		
粗加工第二层		
粗加工第三层		
粗加工第四层		
粗加工第五层		

（3）用 G90 编制粗、精加工程序并写出程序说明，填入下表。

刀具	95°外圆车刀	
程序段号	加工程序	程序说明

理论学习

3．G90 加工圆锥面格式上与圆柱面有何不同？走刀轨迹有何特点？

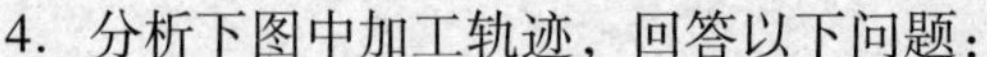

4．分析下图中加工轨迹，回答以下问题：

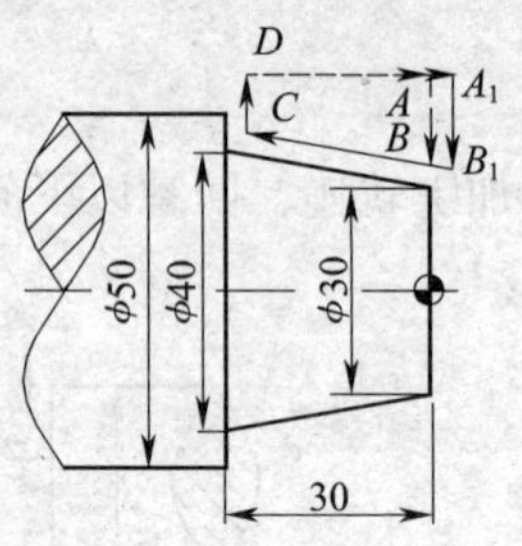

圆锥面切削循环

（1）用 G90 编程进行精加工，刀具从当前点 $A \to B \to C \to D \to A$ 走刀，其中________点为循环切削终点，________点为切削时的循环起点，此时 R 值为________。编写该程序段：________________。

（2）刀具从当前点 $A_1 \to B_1 \to C \to D \to A_1$ 走刀进行精加工，其中________点为循环切削终点，________点为切削时的循环起点。若 A_1 点距工件右端面 3 mm，则 R 值为________。编写该程序段：________________。

5．如上图所示工件（毛坯为 ϕ50 mm 的棒料），用 G90 编程进行粗、精加工。

（1）确定 G90 循环起点。

（2）计算 R 值并写出精加工程序段。

（3）若精加工余量为 0.6 mm（直径量），则粗加工时切削区域最大切除余量为________ mm。

（4）由于粗加工余量较大，选用机夹外圆车刀分层切削进行粗车，背吃刀量为 4 mm（直径量）。

1）若已知分层切削时每层圆锥起点的 X 坐标，则每层圆锥终点 X 坐标值 = 起点 X 坐标 + ________。

2）填表确定每次分层切削循环终点处的坐标并写出相应程序段。

走刀	圆锥起点坐标	圆锥终点坐标	程序段
粗加工第一层			
粗加工第二层			
粗加工第三层			
粗加工第四层			
粗加工第五层			

（5）用 G90 编制粗、精加工程序并写出程序说明，填入下表。

刀具	95°外圆车刀	
程序段号	加工程序	程序说明

理论学习

通过前一阶段的任务训练，说说你使用的机床精度如何？对刀后不经过调试直接按程序走刀能否有效保证零件的尺寸精度？能想出什么办法来保证尺寸精度要求？

二、外圆尺寸的修调方法

1. 说说借助磨耗修调尺寸的步骤。

2. 借助磨耗修调尺寸时，对加工程序应作何调整？

实践操作

一、分析零件图样

本任务中精度要求较高的尺寸主要有________，长度尺寸 15 mm、25 mm 等，尺寸精度要求主要通过________、________及磨耗等措施来保证。加工后的表面粗糙度要求不高，为________。

实践操作

二、分析加工工艺

1. 讨论并确定加工方案，写出加工步骤。

2. 解释机夹可转位车刀及刀片型号的含义

（1）外圆车刀

MCLNR2525M12

SCLCR2525M09

（2）刀片

CNMG120404

CCMT09T304

三、编制加工程序

在下表中编写加工程序并作注释。

程序段号	加工程序	程序说明
	O4010；	程序号
N10	G99 G21 G40；	程序初始化
N20	T0101；	换 1 号外圆车刀
N30	S500 M03；	主轴正转
N40		快速定位至圆柱面切削循环起点，切削液开
N50		
N60		粗车外圆
N70		
N80		快速定位至圆锥面切削循环起点
N90		粗车圆锥面
N100		
N110		回换刀点
N115	M05；	
N120	M00；	
N130	T0202 S1000 M03；	
N140		快速定位至精加工起刀点
N150		进刀至切入点
N160		
N170		精车外圆轮廓
N180		
N190	G00 X100.0 Z100.0；	
N200	M05 M09；	程序结束部分
N210	M30；	

实践操作	 **操作** 听老师讲解实践操作的操作要点和注意事项，在实习场地完成以下操作。 一、完成加工准备  （1）开机床，系统上电，完成机床回零操作。 （2）检查毛坯规格尺寸，机夹外圆车刀刀尖及刀刃情况。 （3）校正量具备用。 二、完成机夹外圆车刀的装刀、对刀及刀补验证。操作要点与普通焊接刀基本相同。 三、完成零件加工  在二次精加工前根据工件外圆实测值修调，注意将尺寸偏差控制在中间公差值。

四、任务测评

先对本次任务自己进行检测，再请同学互检，合格后交指导老师评分，经老师签字，方可进行下一任务的实训。

工件编号				总得分		
项目与权重	序号	技术要求	配分	评分标准	检测记录	得分
工件加工（30%）	1	$\phi34_{-0.05}^{\ 0}$ mm 尺寸正确	10	不正确全扣		
	2	(25 ±0.1) mm 尺寸正确	5	不正确全扣		
	3	(15 ±0.1) mm 尺寸正确	5	不正确全扣		
	4	锥度正确	5	不正确全扣		
	5	表面粗糙度符合要求	5	每错一处扣 2 分		
程序与加工工艺（30%）	6	程序格式规范	5	每错一处扣 2 分		
	7	程序正确、完整	10	每错一处扣 2 分		
	8	刀具选择正确	5	不正确全扣		
	9	刀具安装正确	5	不正确全扣		
	10	刀具参数选择正确	5	不正确全扣		
机床操作（20%）	11	对刀操作正确	10	不正确全扣		
	12	坐标系设定正确	5	不正确全扣		
	13	机床操作不出错	5	每错一次扣 3 分		
文明生产（20%）	14	安全操作	5	出错全扣		
	15	机床维护与保养	10	不合格全扣		
	16	工作场所整理	5	不合格全扣		

任务 2　单一固定循环 G94 车削端面

一、工作任务

如图所示工件，试编写其数控车加工程序并进行加工。

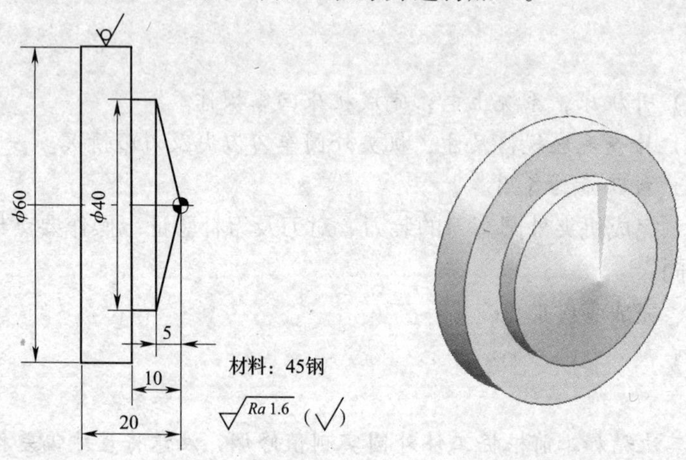

二、任务准备

$\phi60$ mm × 25 mm 的圆钢，端面车刀，0 ~ 150 mm 游标卡尺。

三、任务实施

学习环节	学习过程和内容
新课准备	知识回顾：与盘类零件加工相关的知识；G90 指令格式、功能。 观看 G94 车端面的相关视频，讨论并回答以下问题： 1．G94 指令可以加工哪种特征的端面？ 2．G94 指令走刀轨迹有何特点？与前面学习过的 G90 指令在功能上有何区别？
理论学习	一、端面切削单一固定循环 G94 1．用 G90 指令编程加工简单盘类零件的外圆是否可行？存在哪些弊端？ 2．分析图中加工轨迹，回答以下问题（毛坯直径为 $\phi50$ mm）：

理论学习

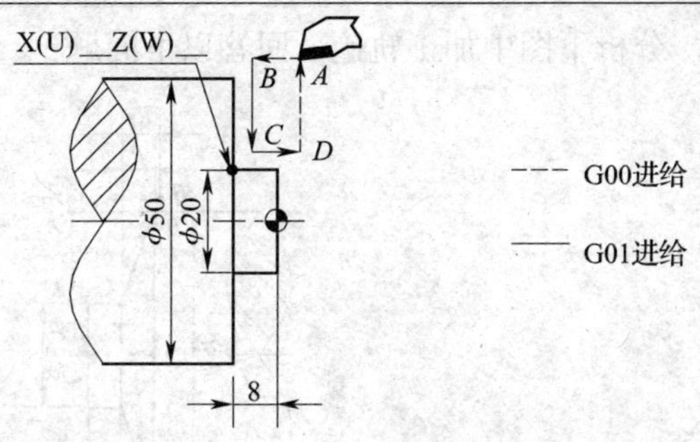

（1）用 G94 编程进行精加工，刀具从当前点 $A \rightarrow B \rightarrow C \rightarrow D \rightarrow A$ 走刀，其中________点为循环切削终点，________点为切削时的循环起点。试编写该程序段：__________________。

（2）用 G94 编程进行粗加工

1）确定循环起点。

2）若精加工余量为 0.2 mm，则粗加工余量为________ mm。

3）选用机夹端面车刀，用若干个 G94 分层切削进行粗车，背吃刀量为 2 mm，填表确定每次分层时切削循环终点处的坐标并写出相应程序段。

走刀	切削循环终点坐标	程序段
粗加工第一刀		
粗加工第二刀		
粗加工第三刀		
粗加工第四刀		

（3）用 G94 编制粗、精加工程序并写出程序说明。

刀具	93°端面车刀	
程序段号	加工程序	程序说明

3. G94 加工锥端面格式上与平端面有何不同？走刀轨迹有何特点？

理论学习	4. 分析下图中加工轨迹，回答以下问题：

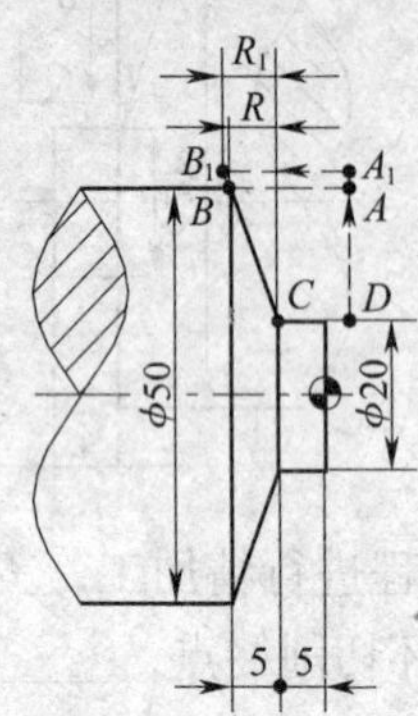

（1）用 G94 编程进行精加工，刀具从当前点 $A \to B \to C \to D \to A$ 走刀，其中________点为循环切削终点，________点为切削时的循环起点，此时 R 值为________。编写该程序段：________________。

（2）刀具从当前点 $A_1 \to B_1 \to C \to D \to A_1$ 走刀进行精加工，其中________点为循环切削终点，________点为切削时的循环起点。若 A_1 点坐标值比毛坯直径大 1.5 mm，则 R 值为________。编写该程序段：________________。

5. 如上图所示零件（毛坯直径为 50 mm），用 G94 编程进行粗、精加工。

（1）确定 G94 循环起点。

（2）计算 R 值并写出精加工程序段。

（3）若精加工余量为 0.2 mm，则粗加工时切削区域最大切除余量为________mm。

（4）由于粗加工余量较大，选用机夹端面车刀分层切削进行粗车，背吃刀量为 2 mm。

1）若已知分层切削时每层锥端面起点 Z 坐标，则每层锥端面终点 Z 坐标值 = 锥端面起点 Z 坐标值 + ________________。

2）填表确定每次分层切削时锥端面起点和锥端面终点处的坐标并写出相应程序段。

走刀	锥端面起点坐标	锥端面终点坐标	程序段
粗加工第一层			
粗加工第二层			
粗加工第三层			
粗加工第四层			

理论学习

（5）用 G94 编制粗、精加工程序并写出程序说明，填入下表。

刀具	95°端面车刀	
程序段号	加工程序	程序说明

二、使用单一固定循环（G90、G94）时应注意的事项

如何正确选用单一固定循环（G90、G94）指令进行编程加工？说说使用时应注意的事项。

三、G96（G97）——启动（取消）恒线速度功能

在 FANUC 系统中，有关恒线速度功能指令及格式是什么？此功能有何作用？

实践操作

一、图样及加工工艺分析

1. 本任务加工内容主要为平端面、锥端面车削，尺寸精度要求不高，加工后的表面粗糙度要求较高，为________。

2. 讨论并确定加工方案，写出加工步骤。

3. 解释机夹可转位车刀及刀片型号的含义

（1）端面车刀

STFCR2525M11

（2）刀片

TBHG120408ER－CF

端面车削时切削用量与外圆车削相比，有何不同？

二、编制加工程序

在下表中编写加工程序并作注释。

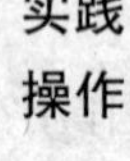

程序段号	加工程序	程序说明
	O4020；	程序号
N10	G99 G21 G40；	程序初始化
N20	T0101；	换端面车刀
N30	S500 M03；	主轴正转
N40		快速定位至平端面切削循环起点，切削液开
N50		粗车平端面
N60		
N70		
N80		
N90		
N100		快速定位至圆锥面切削循环起点
N110		粗车锥端面
N120		
N130		
N140		快速定位至精加工起刀点
N150		进刀至切入点
N160	G50 S2000；	
N170	G96 S200；	
N180		精车端面轮廓
N190		
N200		
N210		
N220	G97 S500；	程序结束部分
N230	G00 X100.0 Z100.0；	
N240	M05 M09；	
N250	M30；	

为保证零件端面加工的表面粗糙度要求，在精加工中使用恒线速度功能编程。

实践操作	

操作

听老师讲解实践操作的操作要点和注意事项，在实习场地完成以下操作。

一、完成加工准备

二、工件的校正装夹

普车实习时，安装过盘类零件吗？安装时应注意哪些事项？

三、完成端面车刀的装刀、对刀及刀补验证操作。要点与外圆车刀基本相同。

X 向对刀试车外圆时，注意控制切深，防止刀体与工件干涉。

四、完成零件加工

四、任务测评

先对本次任务自己进行检测，再请同学互检，合格后交指导老师评分，经老师签字，方可进行下一任务的实训。

工件编号				总得分		
项目与权重	序号	技术要求	配分	评分标准	检测记录	得分
工件加工（30%）	1	ϕ40 mm 尺寸正确	10	不正确全扣		
	2	10 mm 尺寸正确	5	不正确全扣		
	3	20 mm 尺寸正确	5	不正确全扣		
	4	锥度正确	5	不正确全扣		
	5	表面粗糙度符合要求	5	每错一处扣 2 分		
程序与加工工艺（30%）	6	程序格式规范	5	每错一处扣 2 分		
	7	程序正确、完整	10	每错一处扣 2 分		
	8	刀具选择正确	5	不正确全扣		
	9	刀具安装正确	5	不正确全扣		
	10	刀具参数选择正确	5	不正确全扣		
机床操作（20%）	11	对刀操作正确	10	不正确全扣		
	12	坐标系设定正确	5	不正确全扣		
	13	机床操作不出错	5	每错一次扣 3 分		
文明生产（20%）	14	安全操作	5	出错全扣		
	15	机床维护与保养	10	不合格全扣		
	16	工作场所整理	5	不合格全扣		

任务3　复合固定循环 G71 车削外轮廓

一、工作任务

如图所示工件，试编写其外轮廓数控车加工程序，并进行加工。

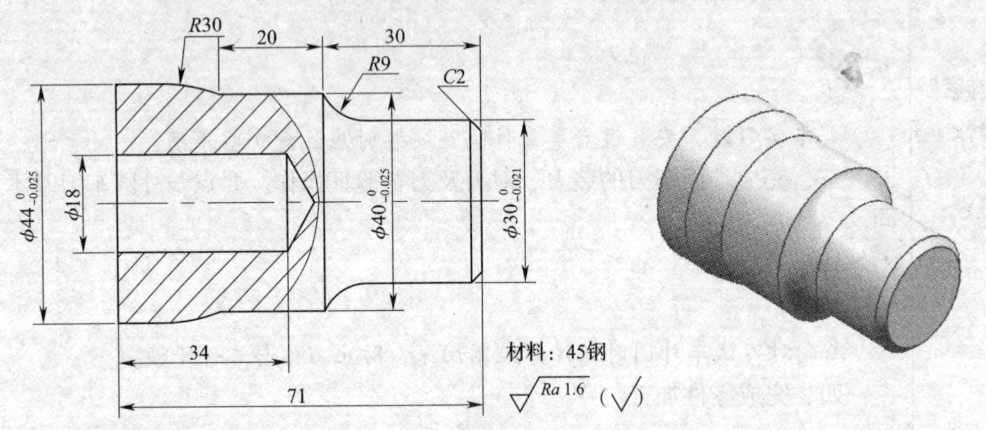

二、任务准备

ϕ45 mm × 100 mm 的圆钢，预制 ϕ18 mm 底孔，深度为 63 mm，工具、量具、刃具按教材清单准备。

三、任务实施

学习环节	学习过程和内容
新课准备	知识回顾：轴类零件的加工工艺知识；G90 指令格式、功能；修调外圆尺寸的常用方法。 通过查阅资料等方式做一些课前准备工作，并思考以下问题： 1. 在前阶段的学习中，对粗加工余量较大的简单轴类零件一般采用哪种加工工艺？用哪个指令编程？对形状复杂（含各种圆弧）的外轮廓适用吗？ 2. 观看 G71 车外圆的相关视频资料，讨论： （1）G71 指令可以加工哪些外圆表面？ （2）G71 指令走刀轨迹有何特点？与前面学习过的 G90 代码在功能上有何区别？

一、分层切削加工工艺

了解大余量毛坯分层切削循环加工路线，说说 G71 指令的走刀轨迹属于哪种。

二、内、外圆粗精车复合固定循环

1. 解释内、外圆粗车复合固定循环 G71 指令格式及参数的含义：

G71 U1.5 R0.5；

G71 P100 Q200 U0.3 W0.05 F0.2；

N100 …；

⋮

N200 …；

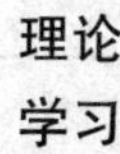

2. 讨论 G71 指令加工动作，分析循环的运动轨迹。

3. 写出精车循环 G70 的指令格式。

4. 如下图所示，毛坯为 $\phi45$ mm 的圆钢，选择机夹外圆车刀，用 G71 指令编写粗加工程序，G70 指令编写精加工程序，试将下表中的程序补充完整。

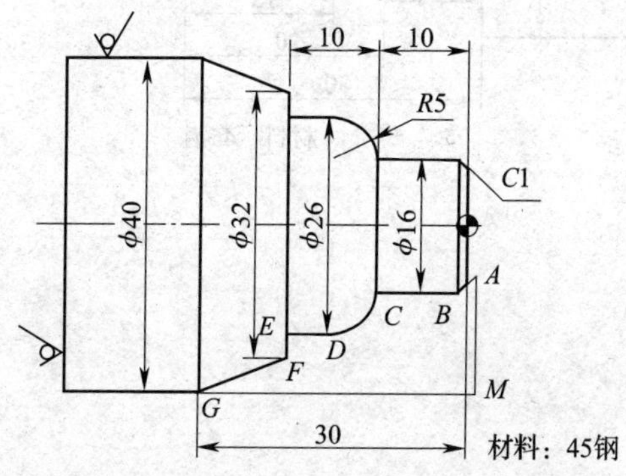

理论学习

刀具	95°机夹外圆车刀	
程序段号	加工程序	程序说明
	O0010;	工件外轮廓加工程序
N10	T0101;	换1号刀，取1号刀具长度补偿
N20	M03 S600;	主轴正转
N30	G00 X　　Z　　;	定位至粗车循环起点
N40	G71 U　　R　　;	粗车循环
N50	G71 P　　Q　　U　　W　　F　　;	
N60		精加工轮廓描述
N70		
N80		
N90		
N100		
N110		
N120		
N130	G70 P　　Q　　;	精车循环
N140	G00 X100.0　Z100.0;	退刀
N150	M05;	主轴停转
N160	M30;	程序结束

【课堂练习】

选择机夹外圆车刀，用 G71 与 G70 编写图示零件的加工程序。

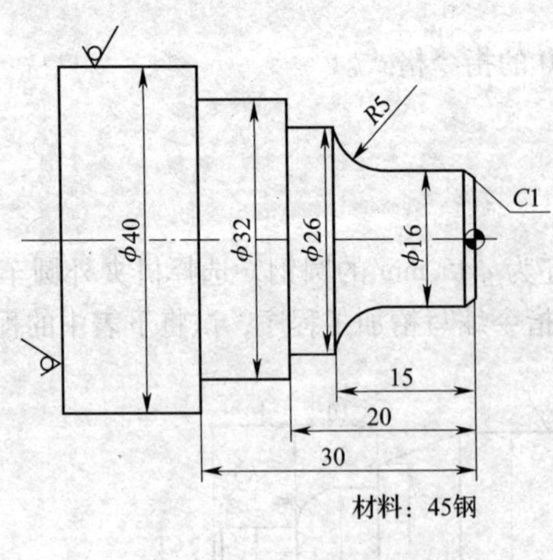

材料：45钢

理论学习

三、外形轮廓的测量

外形轮廓检测常用的量具有哪些？会正确使用吗？

实践操作

一、分析零件图样

本任务中精度要求较高的尺寸主要为__________________，尺寸公差等级均为________级，加工后的表面粗糙度要求较高为________。

二、分析加工工艺

1．讨论并确定加工方案，写出加工步骤。

2．在零件图上画出精加工轮廓程序段的走刀轨迹，计算精加工轮廓上各基点的坐标。

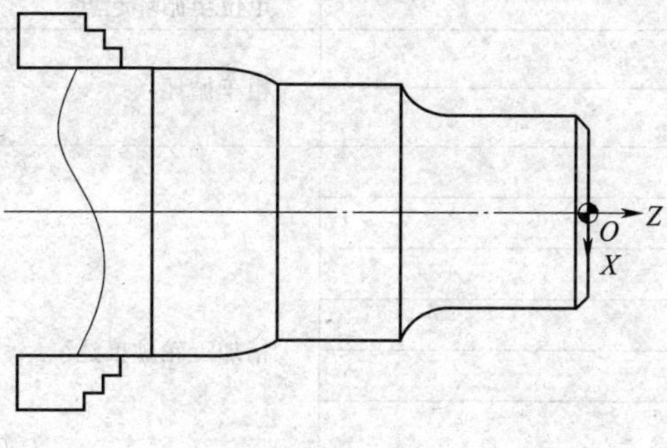

3．选择刀具及切削用量

（1）解释机夹可转位车刀及刀片型号的含义。

1）切断刀

QA2525R03

实践操作

2）刀片
Q03

（2）数控车床上，采用刀尖圆弧半径为0.4 mm的外圆机夹刀精车外圆，一般精加工余量留多少？当刀尖圆弧半径增大或减小时，精加工余量应如何调整？

三、编制加工程序

在下表中编写加工程序并作注释。

程序段号	加工程序	程序说明
	O4030；	程序号
N10	G99 G40 G21 G18；	
N20	G28 U0 W0；	
N30	T0101；	
N40	M03 S500 M08；	
N50		定位至循环起点
N60		粗车循环
N70		
N80		精加工轮廓描述
N90		
N100		
N110		
N120		
N130		
N140		
N150		
N160	G00 X100.0 Z100.0；	
N170	M05；	
N180	M00；	
N190	T0202；	
N200	S500 M03；	
N210		重新定位至循环起点
N220		精加工
N230	G28 U0 W0；	程序结束部分
N240	M05 M09；	
N250	M30；	

操作

听老师讲解实践操作的操作要点和注意事项，在实习场地完成以下操作。

一、完成加工准备

二、校正工件的装夹

装夹工件时，应夹住打底孔的一端，不要搞错。

三、依次完成三把刀的对刀、刀补设定操作。

实践操作

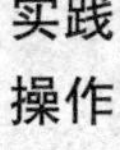

四、完成零件加工

本任务参照任务 1 用预留磨耗值方法对尺寸进行修调。由于数控加工尺寸一致性较好，通常只需按一处精度要求较高的尺寸进行修调，间接保证其他两处。

工件超差的尺寸有哪些？分析原因，找出解决办法。

四、任务测评

先对本次任务自己进行检测，再请同学互检，合格后交指导老师评分，经老师签字，方可进行下一任务的实训。

工件编号				总得分		
项目与权重	序号	技术要求	配分	评分标准	检测记录	得分
工件加工（50%）	1	$\phi30_{-0.021}^{0}$ mm	8	超 0.01 mm 扣 2 分		
	2	$\phi40_{-0.025}^{0}$ mm	8	超 0.01 mm 扣 2 分		
	3	$\phi44_{-0.025}^{0}$ mm	8	超 0.01 mm 扣 2 分		
	4	30 mm、20 mm	3×2	每错一处扣 3 分		
	5	$R9$ mm、$R30$ mm	4×2	每错一处扣 4 分		
	6	$C2$ mm 倒角	3	不正确全扣		
	7	$Ra1.6$ μm	9	每错一处扣 3 分		
程序与加工工艺（30%）	8	程序格式规范	10	每错一处扣 2 分		
	9	程序正确、完整	10	每错一处扣 2 分		
	10	切削用量参数设定正确	5	不合理每处扣 3 分		
	11	换刀点与循环起点正确	5	不正确全扣		

续表

工件编号				总得分		
项目与权重	序号	技术要求	配分	评分标准	检测记录	得分
机床操作（10%）	12	机床参数设定正确	5	不正确全扣		
	13	机床操作不出错	5	每错一次扣 3 分		
文明生产（10%）	14	安全操作	5	不合格全扣		
	15	机床维护与保养				
	16	工作场所整理	5	不合格全扣		

任务 4　复合固定循环 G71 车削内轮廓

一、工作任务

如图所示工件，完成其左端内轮廓的编程加工。

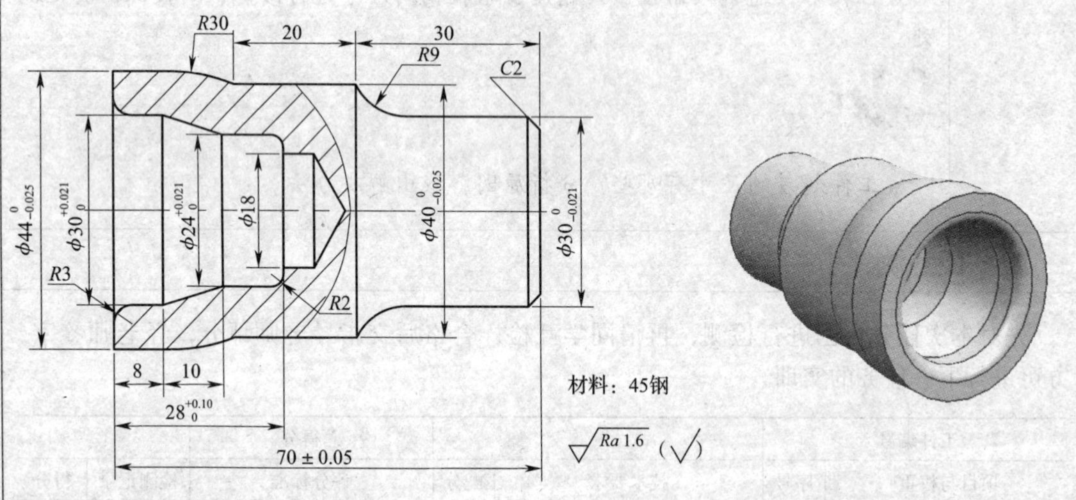

二、任务准备

本任务沿用任务 3 加工的工件，工具、量具、刃具按教材清单准备。

三、任务实施

学习环节	学习过程和内容
新课准备	知识回顾：G71 指令的功能和应用；普车加工孔类零件的相关知识。 通过查阅资料等方式做一些课前准备工作，并思考以下问题： 相对外圆加工而言，内孔加工更应注意哪些问题？

理论 学习	一、车内孔加工工艺 结合普车加工经验，讨论并回答以下问题： 1. 车孔的关键技术有哪些？如何解决？ 2. 内孔车刀有哪几种类型？ 二、内孔测量 测量内孔孔径的常用量具有哪些？各适用于什么场合？ 三、内孔尺寸的修调方法 1. 说说借助磨耗修调尺寸的步骤。 2. 借助磨耗修调尺寸时，对加工程序应作何调整？ 【课堂练习】 如下图所示，毛坯为 ϕ45 mm 的圆钢，已预制好 ϕ16 mm 内孔，孔深 32 mm，选择机夹内孔车刀用 G71 指令编写粗加工程序，G70 指令编写精加工程序，将下表中的程序补充完整。 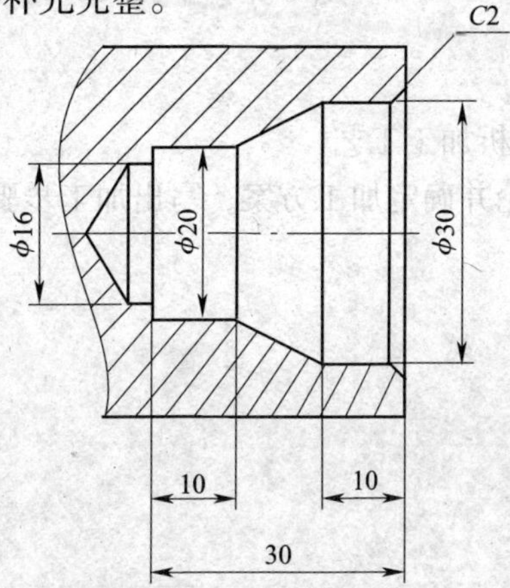

理论学习

刀具	90°内孔车刀（盲孔车刀）	
程序段号	加工程序	程序说明
	O0010；	工件外轮廓加工程序
N10	T0404；	换 4 号刀，取 4 号刀补
N20	M03 S500；	主轴正转
N30	G00 X　　Z　　；	定位至粗车循环起点
N40	G71 U　　R　　；	粗车循环
N50	G71 P　　Q　　U　　W　　F　　；	
N60		精加工轮廓描述
N70		
N80		
N90		
N100		
N110		
N120		
N130	G70 P　　Q　　；	精车循环
N140	G00 X100. 0 Z100. 0；	退刀
N150	M05；	主轴停转
N160	M30；	程序结束

实践操作

一、分析零件图样

1. 本任务中内孔尺寸精度要求较高，为________级，表面粗糙度要求较高，为________。

2. 讨论保证尺寸精度及表面粗糙度的措施。

二、分析加工工艺

1. 讨论并确定加工方案，写出加工步骤。

实践 操作	2．在下面的零件图上画出精加工轮廓程序段的走刀轨迹，计算精加工轮廓上各基点的坐标。 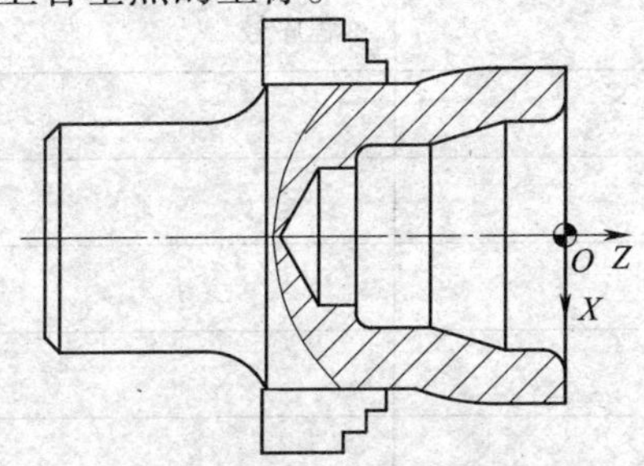 3．选择刀具及切削用量 （1）解释机夹可转位车刀及刀片型号的含义 1）内孔车刀 S12M－SCLCR06 2）刀片 CCMT060204 （2）说说选择内孔车刀时的注意事项。 （3）加工内孔的切削用量应如何选择？ 三、编制加工程序 在下表中编写加工程序并作注释。（本任务如采用刀尖圆弧半径补偿功能编程加工，程序应作何调整？编程时可考虑进去）

实践操作

程序段号	加工程序	程序说明
	O4040；	程序号
N10	G99 G40 G21 G18；	
N20	G28 U0 W0；	
N30	T0404；	
N40	M03 S500 M08；	
N50	G00 X17.0 Z2.0；	
N60		粗车循环
N70		
N80		“*ns*”程序段只能沿 *X* 方向进刀，精加工轨迹描述
N90		
N100		
N110		
N120		
N130		
N140		
N150		
N160	G00 X100.0 Z100.0；	
N170	M05；	
N180	M00；	
N190	T0404；	
N200	S500 M03；	
N210		重新定位至循环起点
N220		精加工
N230	G28 U0 W0；	程序结束部分
N240	M05 M09；	
N250	M30；	

操作

听老师讲解实践操作的操作要点和注意事项，在实习场地完成以下操作。

实践操作

一、加工准备

二、安装内孔车刀

是在转塔刀架上安装内孔车刀吗？如果是，要注意刀杆尾部超出刀架的长度，避免造成换刀时刀架转位受阻损坏。

三、完成内孔车刀的对刀及刀补设定

四、完成零件车削

五、进行加工质量分析

对所完成的工件进行误差分析，想想改进的措施。

四、任务测评

先对本次任务自己进行检测，再请同学互检，合格后交指导老师评分，经老师签字，方可进行下一任务的实训。

工件编号				总得分		
项目与权重	序号	技术要求	配分	评分标准	检测记录	得分
工件加工（60%）	1	$\phi30^{+0.021}_{0}$ mm	8	超 0.01 mm 扣 2 分		
	2	$\phi24^{+0.021}_{0}$ mm	8	超 0.01 mm 扣 2 分		
	3	$28^{+0.10}_{0}$ mm	8	超 0.01 mm 扣 2 分		
	4	(70 ± 0.05) mm	8	超 0.01 mm 扣 2 分		
	5	$R2$ mm、$R3$ mm	4 × 2	每错一处扣 4 分		
	6	锥面	6	不正确全扣		
	7	其他尺寸	6	每错一处扣 1 分		
	8	$Ra1.6$ μm	8	每错一处扣 2 分		
程序与加工工艺（30%）	9	程序格式规范	10	每错一处扣 2 分		
	10	程序正确、完整	10	每错一处扣 2 分		
	11	切削用量参数设定正确	5	不合理每处扣 3 分		
	12	换刀点与循环起点正确	5	不正确全扣		
机床操作与文明生产（10%）	13	机床参数设定正确	10	不合格全扣		
	14	安全操作				
	15	机床维护与保养				
	16	工作场所整理				

任务 5　复合固定循环 G72 车削端面

一、工作任务

如图所示工件，试编写其数控车加工程序并进行加工。

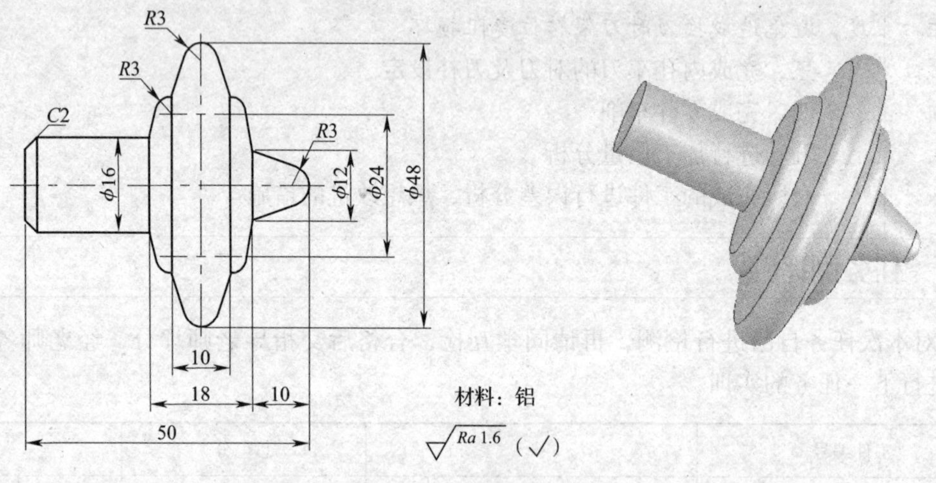

二、任务准备

毛坯为 ϕ50 mm × 52 mm 的铝棒，工具、量具、刃具按教材清单准备。

三、任务实施

学习环节	学习过程和内容
新课准备	知识回顾：G94 指令格式、功能；恒线速度功能相关知识。 观看 G72 车端面的相关视频，讨论并回答以下问题： 1. G72 指令可以加工哪些表面？ 2. G72 指令走刀轨迹有何特点？与前面学习过的 G94 指令在功能上有何区别？

理论学习	一、端面粗车循环 G72  用 G71 代码编程加工盘类零件的外圆是否可行？存在哪些弊端？ 1. 解释端面粗车复合循环 G72 指令格式及参数的含义： G72 U2.0 R0.5； G72 P100 Q200 U0.1 W0.3 F0.15； N100 …； ⋮ N200 …； 2. 讨论 G72 指令加工动作，分析循环的运动轨迹。 二、端面精车循环 写出精车循环 G70 的指令格式。 三、G72 与 G70 编程实例 如下图所示，毛坯为 ϕ48 mm 的圆钢，选择机夹端面车刀，用 G72 指令编写粗加工程序，G70 指令编写精加工程序，试将下表中的程序补充完整。 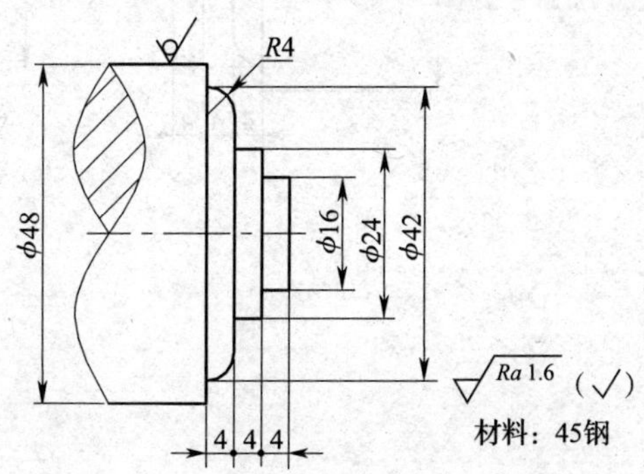

理论学习

刀具	93°端面车刀	
程序段号	加工程序	程序说明
	O0010;	工件外轮廓加工程序
N10	T0101;	换1号刀，取1号刀补
N20	M03 S500;	主轴正转
N30	G00 X　　Z　　;	定位至粗车循环起点
N40	G72 W　　R　　;	粗车循环
N50	G72 P　　Q　　U　　W　　F　　;	
N60		精加工轮廓描述
N70		
N80		
N90		
N100		
N110		
N120		
N130	G70 P　　Q　　;	精车循环
N140	G00 X100.0 Z100.0;	退刀
N150	M05;	主轴停转
N160	M30;	程序结束

【课堂练习】

选择机夹端面车刀，用G72与G70编写图示零件的加工程序。

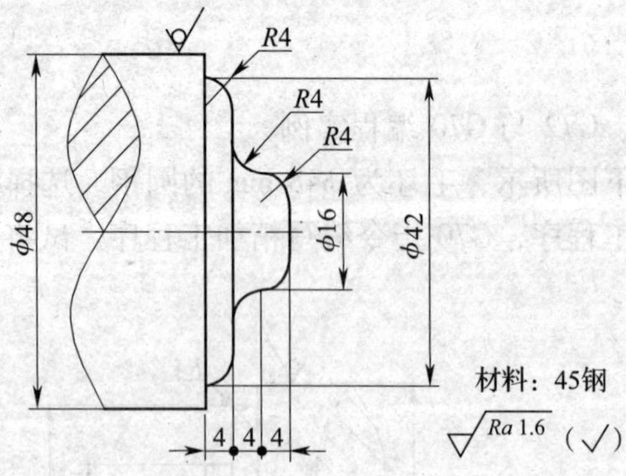

<table>
<tr>
<td>实践
操作</td>
<td>
一、分析零件图样
本任务中工件表面粗糙度要求较高，讨论保证表面粗糙度的措施。

二、分析加工工艺
1．讨论并确定加工方案，写出加工步骤。

2．利用 CAD 软件绘图分析并得出基点坐标。
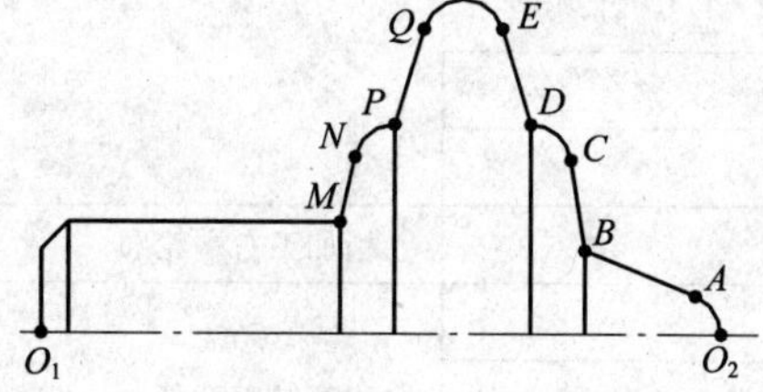

3．选择刀具及切削用量
（1）解释机夹可转位车刀及刀片型号的含义
1）外圆车刀
STGCR2525M11

2）刀片
TBHG120408EL－CF

（2）车削端面时的切削用量应如何选择？
</td>
</tr>
</table>

实践操作

三、编制加工程序

编写加工程序并作注释。（本任务如用恒线速度功能编程加工，程序应作何调整？编程时可考虑进去）

	O4050；	加工右端轮廓程序
⋮	⋮	程序开始部分
N50		快速定位至循环起点
N60		径向粗车循环粗加工右端轮廓
N70		
N80		精加工轮廓描述
N90		
N100		
N110		
N120		
N130		
N140		
N150		
N160		
N170		精加工右端轮廓
N180		程序结束部分
N190		
N200		

操作

听老师讲解实践操作的操作要点和注意事项，在实习场地完成相关操作。

（1）注意盘类零件的校正装夹。

（2）准确输入程序并完成关键程序段的校验。

（3）掉头时，应注意校正装夹，已加工表面加铜皮包裹，夹紧力适中，以防夹伤。

（4）用端面车刀车端面保证总长。

四、任务测评

先对本次任务自己进行检测，再请同学互检，合格后交指导老师评分，经老师签字，方可进行下一任务的实训。

工件编号				总得分		
项目与权重	序号	技术要求	配分	评分标准	检测记录	得分
工件加工（50%）	1	ϕ16 mm	5	超 0.01 mm 扣 2 分		
	2	ϕ24 mm	5	超 0.01 mm 扣 2 分		
	3	ϕ48 mm	5	超 0.01 mm 扣 2 分		
	4	ϕ12 mm	5	超 0.01 mm 扣 2 分		
	5	*R*3 mm 圆弧（4 处）	6	错一处扣 2 分		
	6	*C*2 mm 倒角	2	不正确全扣		
	7	10 mm（两处）	4	超 0.03 mm 扣 2 分		
	8	18 mm	3	超 0.03 mm 扣 2 分		
	9	50 mm	3	超 0.03 mm 扣 2 分		
	10	*Ra*1.6 μm（6 处）	12	每错一处扣 2 分		
程序与加工工艺（30%）	11	程序格式规范	10	每错一处扣 2 分		
	12	程序正确、完整	10	每错一处扣 2 分		
	13	切削用量参数设定正确	5	不合理每处扣 3 分		
	14	换刀点与循环起点正确	5	不正确全扣		
机床操作（10%）	15	机床参数设定正确	5	不正确全扣		
	16	机床操作不出错	5	每错一次扣 3 分		
文明生产（10%）	17	安全操作	5	不合格全扣		
	18	机床维护与保养				
	19	工作场所整理	5	不合格全扣		

注：未注公差按 IT8 级检测。

任务 6　复合固定循环 G73 车削外轮廓

一、工作任务

完成图示工件的编程加工。

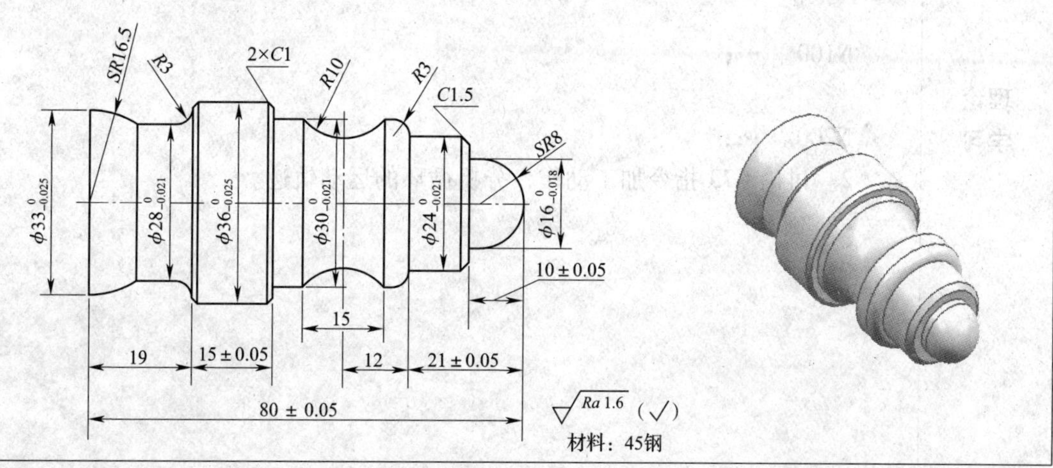

二、任务准备

ϕ38 mm × 82 mm 的圆钢，工具、量具、刃具按教材清单准备。

三、任务实施

学习环节	学习过程和内容
新课准备	知识回顾： G71 指令的功能和应用；与轴类零件加工相关的工艺知识（特别是含内凹、外凸结构的零件）；外圆刀具角度知识。 通过查阅资料等方式做一些课前准备工作，并思考以下问题： 1. 复杂零件毛坯分层切削循环加工路线主要有哪两种形式？分别通过哪种复合循环指令来实现？ 2. 观看 G73 车外圆的相关视频资料，讨论： （1）G73 指令可以加工哪些外圆表面？ （2）G73 指令走刀轨迹有何特点？与前面学习过的 G71 指令在功能上有何区别？
理论学习	一、成型加工复合循环（G73、G70） 1. 解释内、外圆粗车复合循环 G73 指令格式及参数的含义： G73 U3. 0 W0. 5 R3. 0； G73 P100 Q200 U0. 3 W0. 05 F0. 15； N100 …； ⋮ N200 …； 2. 讨论 G73 指令加工动作，分析循环的运动轨迹。

理论学习

3．使用 G73 编程加工应注意哪些问题？

4．观察 G73 指令，格式上与 G71 指令有何异同？参数的含义又有何异同？

【课堂练习】

如下图所示工件，选择合适的机夹菱形车刀，用 G73、G70 编程进行粗、精加工：

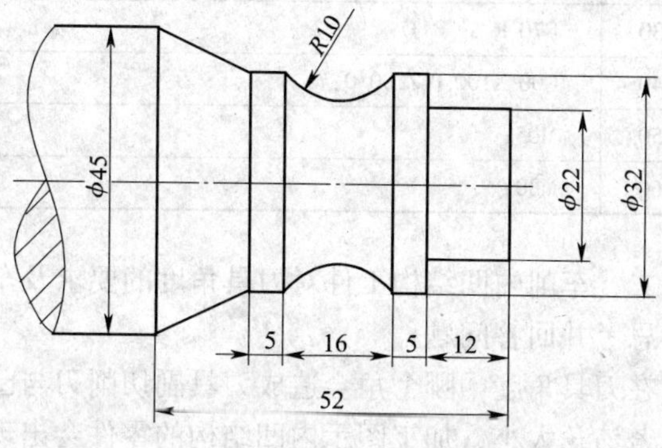

（1）若毛坯为锻件，工件 X 向残留余量（半径量）不大于 5 mm，则 X 方向毛坯切除余量（Δi）为________mm。若毛坯为 $\phi 50$ mm 的棒料，则 X 方向毛坯切除余量（Δi）为________mm。

（2）若粗加工时背吃刀量为 1.5 mm（半径量），则加工（1）中的锻件毛坯，估算粗切循环的次数（d）为________次。若加工（1）中的棒料毛坯，估算粗切循环的次数（d）为________次。

（3）试将下面的程序补充完整。

刀具	93°机夹菱形车刀	
程序段号	加工程序	程序说明
	O0010；	工件外轮廓加工程序
N10	T0101；	换 1 号刀，取 1 号刀补
N20	M03 S500；	主轴正转

续表

刀具	93°机夹菱形车刀	
程序段号	加工程序	程序说明
	O0010;	工件外轮廓加工程序
N30	G00 X　　Z　　;	定位至粗车循环起点
N40	G73 U　　W　　R　　;	粗车循环
N50	G73 P　　Q　　U　　W　　F　　;	
N60		精加工轮廓描述
N70		
N80		
N90		
N100		
N110		
N120		
N130	G70 P　　Q　　;	精车循环
N140	G00 X100.0 Z100.0;	退刀
N150	M05;	主轴停转
N160	M30;	程序结束

理论学习

二、车削内凹结构工件对刀具角度的要求及车刀的选择

思考并回答问题：

在刀具角度中哪个角会造成刀具副切削刃与已加工表面的摩擦？在图中标出。若该角太小，加工图示内凹结构的零件会出现什么问题？

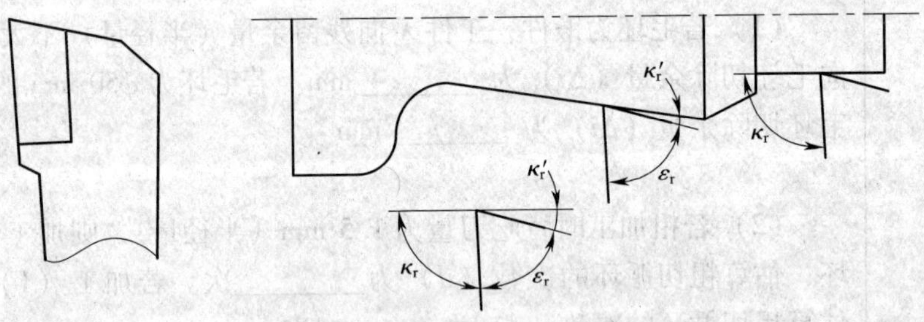

三、使用复合固定循环（G71、G72、G73、G70）时的注意事项

能正确选用复合固定循环（G71、G72、G73）指令进行编程加工吗？说说使用时应注意的事项。

实践操作	一、分析零件图样，明确加工要求 本任务中径向尺寸精度要求及表面粗糙度要求均较高，可用哪些措施来保证精度及表面粗糙度要求。 二、分析加工工艺 1. 讨论并确定加工方案，写出加工步骤。 2. 参照图中的走刀轨迹，计算并确定精加工轮廓上各基点的坐标。

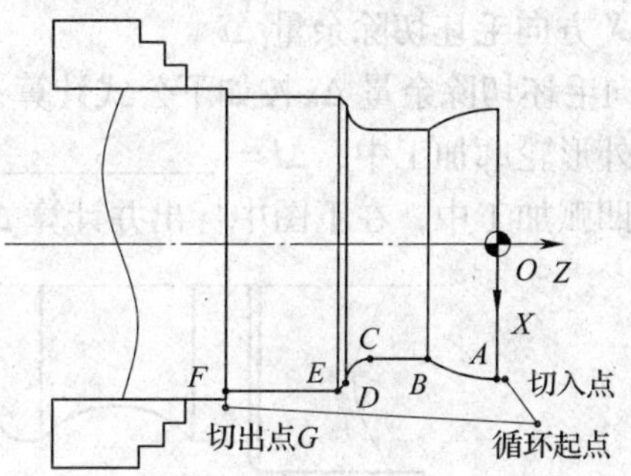

左端外轮廓加工基点坐标

循环起点	切入点	A	B	C	D	E	F	切出点 G

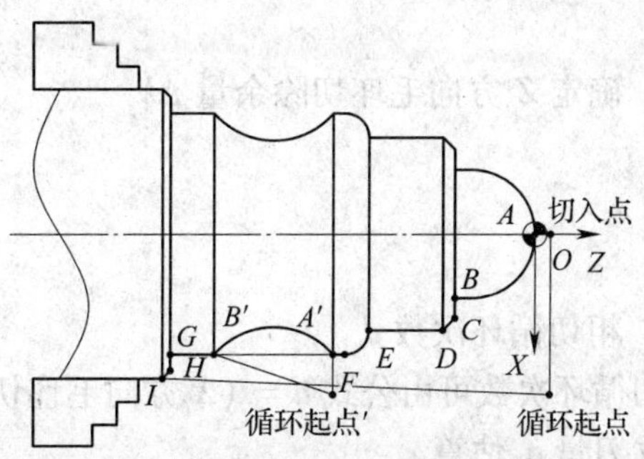

右端外轮廓加工基点坐标

循环起点	切入点	A	B	C	D	E	F	G	H	切出点 I

<table>
<tr>
<td>实践
操作</td>
<td>
3. 选择刀具及切削用量
(1) 解释机夹可转位车刀及刀片型号的含义
1) 菱形外圆车刀
SVJBR2525M16

2) 刀片
VBMT160408

(2) 使用菱形外圆车刀加工时的切削用量应如何选择?

三、编制加工程序
1. G73 循环参数的设定
(1) X 方向毛坯切除余量 Δi
X 方向毛坯切除余量 Δi 按如下公式计算:________________。
左端外形轮廓加工中,Δi = ________________。
右端凹弧加工中,在下图中标出并计算 Δi。
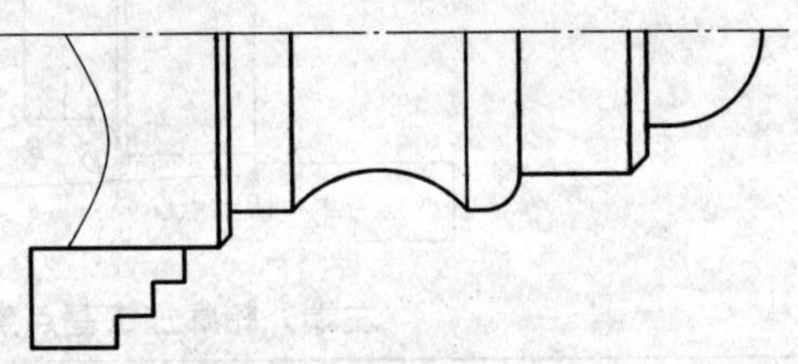

(2) 确定 Z 方向毛坯切除余量 Δk

(3) 粗切循环次数 d
粗切循环次数可由公式 d = (X 方向毛坯切除余量 Δi - 精加工余量 Δu) / 单边背吃刀量 a_p 估算。
左端外形轮廓加工中,d = ________________。
右端凹弧加工中,d = ________________。
</td>
</tr>
</table>

实践操作

2. 编写加工程序并作注释

程序段号	加工程序	程序说明
	O4060；	工件左端加工程序
N10	G99 G40 G21 G18；	程序初始化
N20	G28 U0 W0；	回参考点
N30	T0101；	换 1 号刀，取 1 号刀补
N40	M03 S500 M08；	主轴正转，切削液开
N50		定位至循环起点
N60		粗车循环参数的设定
N70		
N80		精加工轨迹描述
N90		
N100		
N110		
N120		
N130		
N140		
N150		
N160		
N170		精车循环
N180	G28 U0 W0；	程序结束部分
N190	M05 M09；	
N200	M30；	
	O4061；	工件右端加工程序
⋮	⋮	外轮廓加工
N210	G00 X100.0 Z100.0；	退刀，换 1 号刀，取 1 号刀补
N220	T0101；	
N230		定位至循环起点
N240		粗车循环参数设定
N250		
N260		精加工轨迹描述
N270		
N280		
N290		精车循环
N300	G28 U0 W0；	程序结束部分
N310	M05 M09；	
N320	M30；	

操作

实践操作

听老师讲解实践操作的操作要点和注意事项，在实习场地完成相关操作。

一、加工准备

二、校正装夹工件

三、菱形外圆车刀、对刀及刀补设定

(1) 菱形外圆车刀如果在装刀时车刀角度不正，很可能人为造成副偏角减小，使得刀具副后刀面在加工过程中与工件表面发生摩擦，降低表面质量。

(2) 在一次装夹中完成菱形外圆车刀刀补设定后，掉头装夹时，菱形外圆车刀只需对 Z 向完成刀补设置，X 向对刀和刀补设置可省略。

四、输入并检查程序，完成程序校验

(1) 手工完成程序输入、编辑操作，并完成关键程序的校验。

(2) 实操中运用磨耗值修调尺寸时，程序应作相应调整。

五、完成零件车削

车端面取总长尺寸时，不宜使用菱形车刀，以防因扎刀损坏菱形刀片。

六、分析零件形位精度，并考虑改善的措施

四、任务测评

先对本次任务自己进行检测，再请同学互检，合格后交指导老师评分，经老师签字，方可进行下一任务的实训。

工件编号				总得分		
项目与权重	序号	技术要求	配分	评分标准	检测记录	得分
工件加工（50%）	1	$\phi33_{-0.025}^{0}$ mm	4	超0.01 mm扣2分		
	2	$\phi28_{-0.021}^{0}$ mm	4	超0.01 mm扣2分		
	3	$\phi36_{-0.025}^{0}$ mm	6	超0.01 mm扣2分		
	4	$\phi30_{-0.021}^{0}$ mm	4	超0.01 mm扣2分		
	5	$\phi24_{-0.021}^{0}$ mm	4	超0.01 mm扣2分		
	6	$\phi16_{-0.018}^{0}$ mm	4	超0.01 mm扣2分		
	7	(10 ±0.05) mm	3	超0.03 mm扣2分		
	8	(21 ±0.05) mm	3	超0.03 mm扣2分		

续表

工件编号				总得分		
项目与权重	序号	技术要求	配分	评分标准	检测记录	得分
工件加工（50%）	9	（15 ±0.05）mm	3	超0.03 mm扣2分		
	10	（80 ±0.05）mm	3	超0.03 mm扣2分		
	11	其余尺寸（8处）	4	每错一处扣1分		
	12	*Ra*1.6 μm（8处）	8	每错一处扣2分		
程序与加工工艺（30%）	13	程序格式规范	10	每错一处扣2分		
	14	程序正确、完整	10	每错一处扣2分		
	15	切削用量参数设定正确	5	不合理每处扣3分		
	16	换刀点与循环起点正确	5	不正确全扣		
机床操作（10%）	17	机床参数设定正确	5	不正确全扣		
	18	机床操作不出错	5	每错一次扣3分		
文明生产（10%）	19	安全操作	5	不合格全扣		
	20	机床维护与保养				
	21	工作场所整理	5	不合格全扣		

项目五

槽加工

任务1　G01指令切槽

一、工作任务

如图所示工件，外形轮廓加工已完成，试编写工件上均布梯形槽的数控车加工程序并进行加工。

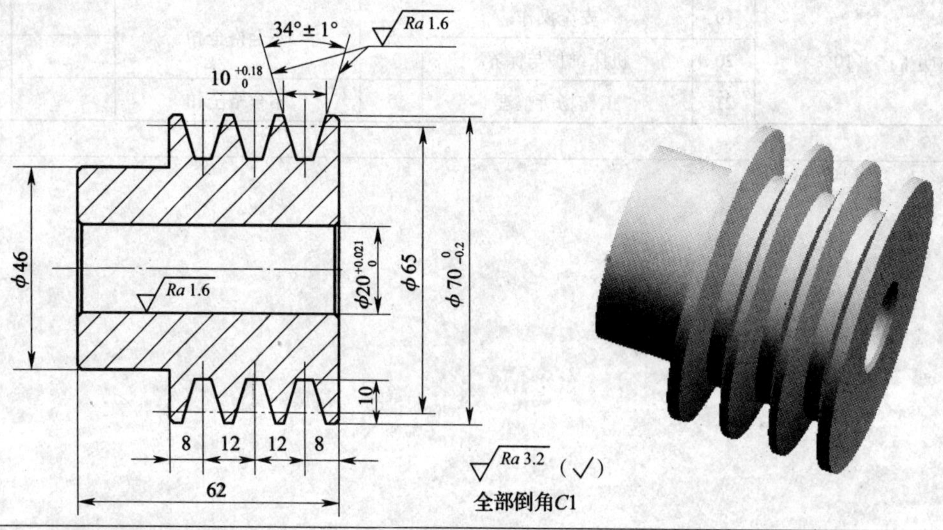

二、任务准备

ϕ70 mm×65 mm的HT150毛坯，预钻孔至ϕ16 mm，工具、量具、刃具按教材清单准备。

三、任务实施

学习环节	学习过程和内容
新课准备	知识回顾：课前复习普车中切槽加工的相关刀具及工艺知识。 通过查阅资料等方式做一些课前准备工作，并思考以下问题： 1. 轴套类零件上常用槽的种类有哪些？典型槽形有哪些？

新课准备

2. 槽加工的主要方法有哪些？

理论学习

一、切槽加工工艺

1. 数控加工中，常用的切槽刀刀片材料有哪些？

2. 观看加工演示，讨论数控加工中常用的切槽加工方法。

3. 切槽加工切削用量的选择。

二、G01 指令切槽

1. 分析图示退刀槽切削加工路线并写出基点坐标（左刀尖为刀位点）。

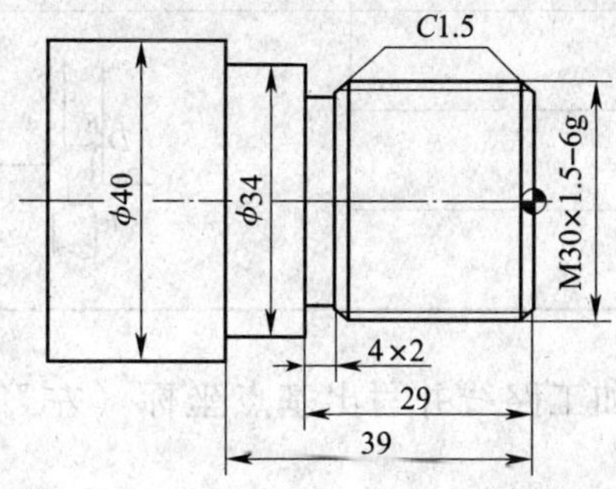

基点坐标（刃宽 4 mm）

加工阶段	基点	坐标值	加工图
切槽	切入点 *A*		
	B		*B* *A*
	切出点 *A*		

理论学习

续表

加工阶段	基点	坐标值	加工图
槽侧倒角	切入点 A		
	C		
	D		
	切出点 A		

基点坐标（刃宽 3 mm）

加工阶段	基点	坐标值	加工图
切槽	切入点 A		
	B		
	切出点 A		
槽侧倒角	切入点 A		
	C		
	D		
切槽	D		
	E		
	切出点 F		

2. 分析图示梯形槽切削加工路线并写出基点坐标（左刀尖为刀位点，刃宽为3 mm）。

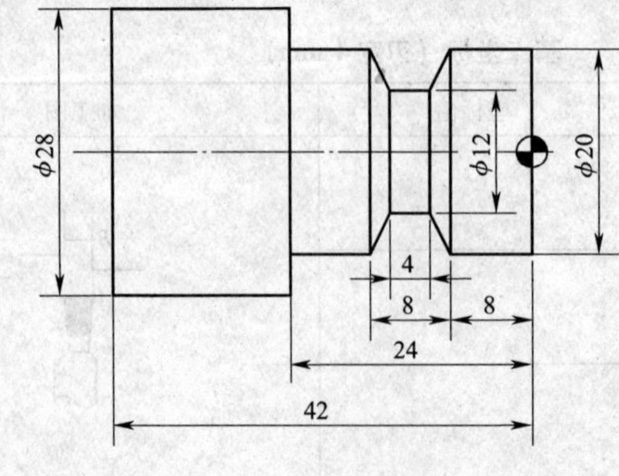

加工阶段	基点	坐标值	加工图
切直槽	切入点 A		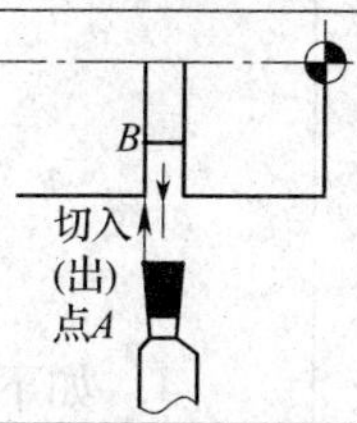
	B		
	切出点 A		
切左侧斜面	切入点 A		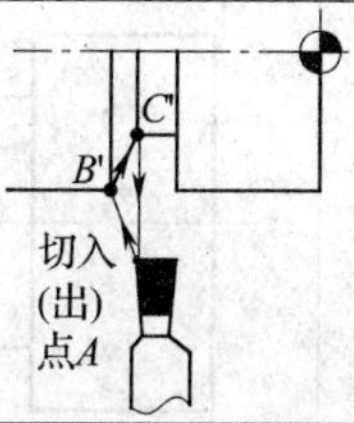
	B'		
	C'		
	切出点 A		
切右侧斜面	切入点 A		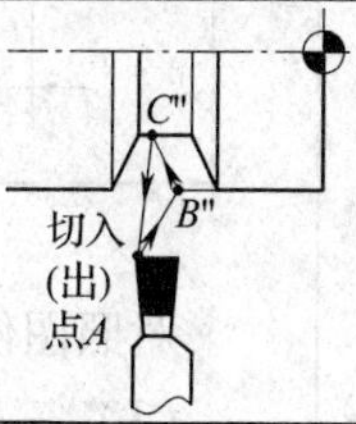
	B''		
	C''		
	切出点 A		

注意：切右侧斜面时，基点坐标的取值。

理论学习

三、子程序编程切多槽

1. 列表比较主程序、子程序的区别与联系。

	主程序	子程序
定义		
特点		
程序执行		

2. 列表比较主程序、子程序格式的异同点。

程序格式	主程序和子程序的异同点
程序号	
程序内容	
结束标记	

3. 写出子程序调用格式。

格式一：

理论 学习	格式二： 4. 如下图所示工件，试用子程序调用编写工件上三处外径槽的加工程序。 对照图例进行分析并回答问题： （1）三处外径槽的特点。 （2）径向切槽动作包括哪几步？ 编制子程序： O5001；切槽子程序 （3）分析三处槽的轴向位置，以左刀尖为刀位点，三处槽的轴向位置分别为： Z－14.0，Z ________（W ________），Z ________（W ________）。 编制主程序： O0050；主程序

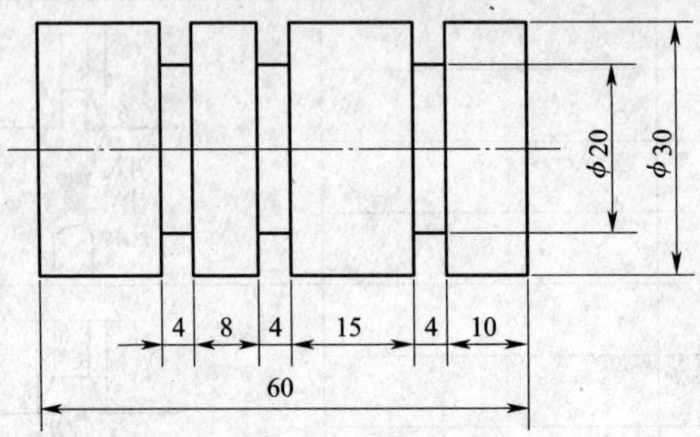

实践操作	

一、分析零件图样

1．本任务中，梯形槽槽顶宽________，槽底宽________，槽深________，三处槽定位尺寸分别为________、________和________，对尺寸精度要求不高。

2．由于槽侧面为带轮工作表面，对其表面粗糙度要求较高，达______________。

二、分析加工工艺

1．制定加工方案及加工路线

在下图中标出切槽加工轨迹，并确定各基点坐标。

粗切梯形槽

精车槽侧面

粗切梯形槽基点坐标

加工阶段	基点	坐标值
切直槽	切入点 *A*	
	B	
	切出点 *A*	
切左侧斜面	切入点 *A*	
	B′	
	C′	
	切出点 *A*	
切右侧斜面	切入点 *A*	
	B″	
	C″	
	切出点 *A*	

精车槽侧面基点坐标

加工阶段	基点	坐标值
切左侧斜面	切入点 *A*	
	B′	
	C′	
	切出点 *A*	
切右侧斜面	切入点 *A*	
	B″	
	C″	
	切出点 *A*	

实践操作

2. 解释机夹可转位车刀及刀片型号的含义

（1）切槽（断）刀

QA2525R03

（2）刀片

Q03

三、程序编制及输入、编辑

在下表中编写切槽粗、精加工程序。

程序段号	加工程序	程序说明
	O5010；	梯形槽加工主程序
⋮	⋮	加工外形轮廓，加工程序略
N90	G00 X100.0 Z100.0；	回换刀点，换 2 号外切槽刀，刃宽 3 mm
N100	T0202；	
N110	M03 S400 M08；	主轴正转，切削液开
N120	G00 X72.0 Z ____；	定位至加工起点
N130	M98 P ____ L ____；	调用子程序三次粗切均布槽
N140	G00 X100.0 Z100.0；	回换刀点
N150	S800；	精加工
N160	G00 X72.0 Z ____；	定位至切槽加工起点
N170	M98 P ____ L ____；	调用子程序三次精车槽侧表面
N180	G28 U0 W0；	回参考点
N190	M05 M09；	主轴停转
N200	M30；	程序结束

程序段号	加工程序	程序说明
	O0010；	梯形槽加工子程序
N10	G00 W－12.0；	定位至切入点
N20		切槽至槽宽 3 mm
N30		槽底暂停 1 s
N40		退刀
N50		进刀至槽左侧斜面加工起点
N60		切槽左侧斜面

续表

程序段号	加工程序	程序说明
	O0010；	梯形槽加工子程序
N70		退刀
N80		进刀至槽右侧斜面加工起点
N90		切槽右侧斜面
N100		退刀
N110		子程序结束

程序段号	加工程序	程序说明
	O0020；	梯形槽精加工子程序
N10		定位至切入点
N20		进刀至槽左侧斜面加工起点
N30		切槽左侧斜面
N40		退刀
N50		进刀至槽右侧斜面加工起点
N60		切槽右侧斜面
N70		退刀
N80		子程序结束

实践操作

注意：子程序采用增量方式编程，X 向增量坐标之和为 0，Z 向增量坐标之和等于槽中心距 12 mm，负方向。

操作

听老师讲解实践操作的操作要点和注意事项，在实习场地完成相关操作。

四、任务测评

先对本次任务自己进行检测，再请同学互检，合格后交指导老师评分，经老师签字，方可进行下一任务的实训。

工件编号				总得分		
项目与权重	序号	技术要求	配分	评分标准	检测记录	得分
工件加工（70%）	1	$\phi70_{-0.20}^{0}$ mm	15	超0.01 mm扣5分		
	2	$\phi20_{0}^{+0.021}$ mm	15	超0.0 1mm扣5分		
	3	$10_{0}^{+0.18}$ mm	10	超0.01 mm扣2分		
	4	$C1$ mm倒角（5处）	10	每错一处扣3分		
	5	其他尺寸	10	每错一处扣2分		
	6	$Ra1.6$ μm	10	每错一处扣2分		
程序与加工工艺（30%）	7	程序格式规范	10	每错一处扣2分		
	8	程序正确、完整	10	每错一处扣2分		
	9	切削用量参数设定正确	5	不合理每处扣3分		
	10	换刀点与循环起点正确	5	不正确全扣		
机床操作与文明生产（倒扣）	11	文明生产	倒扣	不合格每处倒扣5~10分		
	12	安全操作				

任务2　复合固定循环G75切宽槽

一、工作任务

完成如图所示工件上宽槽的数控编程加工。

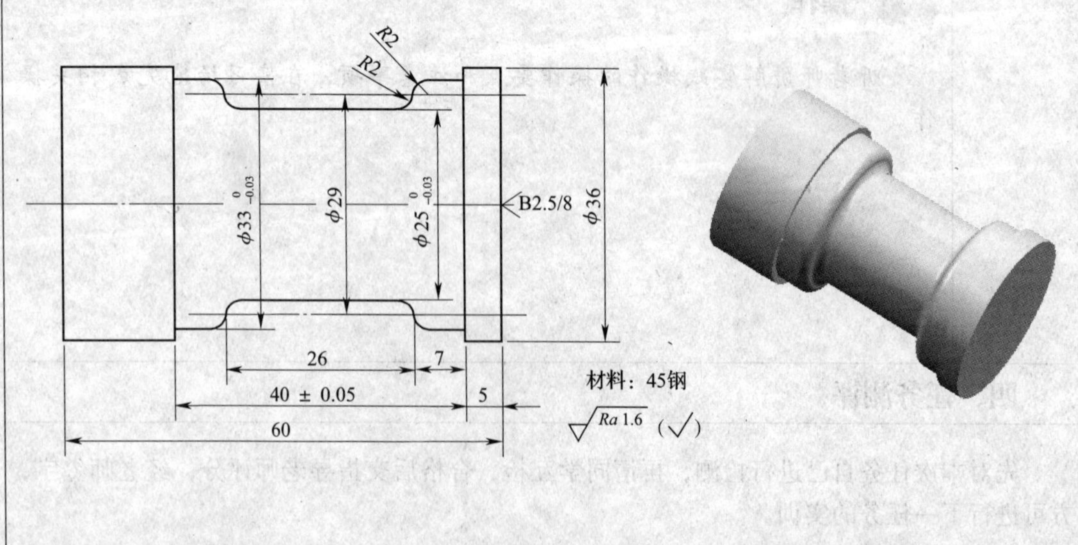

二、任务准备

毛坯为已完成外形轮廓加工的 ϕ36 mm × 60 mm 的 45 圆钢，并预钻中心孔，工具、量具、刃具按教材清单准备。

三、任务实施

学习环节	学习过程和内容
新课准备	知识回顾：课前复习切槽的加工方法及切槽时切削用量的选择。 观看宽槽加工视频，讨论并回答以下问题： 1. 宽槽的加工方法有哪些？ 2. 采用 G01 指令编程有何缺点？
理论学习	一、径向切槽循环 G75 1. 写出径向切槽循环 G75 的指令格式及循环参数的含义。 2. 分析径向切槽循环加工动作，明确径向切槽循环加工轨迹与循环参数的关系，画出一次循环加工轨迹图。 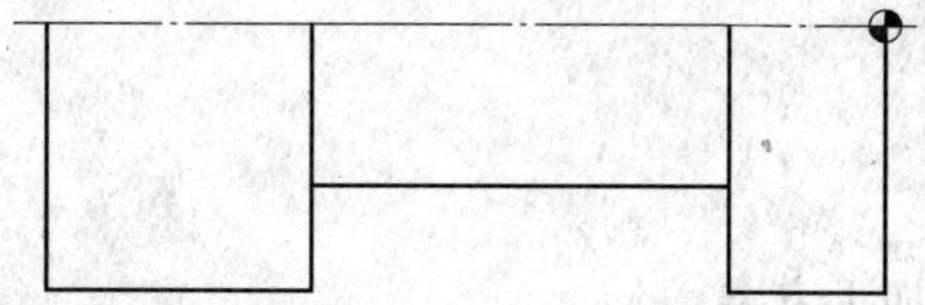

理论学习	二、径向切槽循环 G75 在宽槽加工中的应用

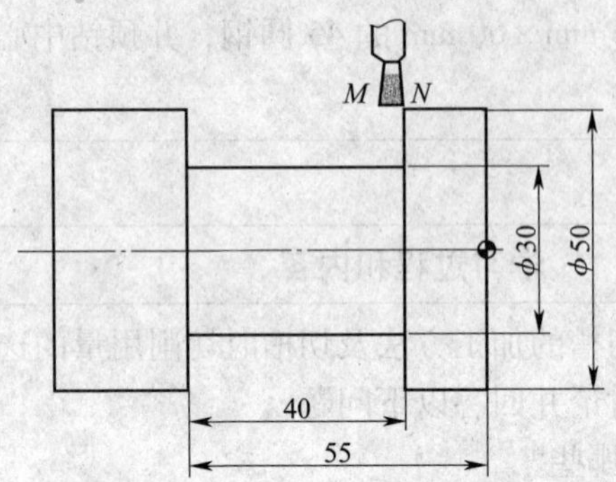

1. 编程分析并确定各循环参数

循环起点	每次退刀量 e	X 方向的每次背吃刀量 Δi	每次 Z 向的偏移量 Δk	切槽终点坐标

2. 编制加工程序

实践操作

一、图样及加工工艺分析

1. 分析图样，明确加工要求，思考并回答以下问题：

本任务中精度要求较高的尺寸主要有哪些？对于尺寸精度要求，在加工中如何来保证？在加工中如何保证表面粗糙度要求？

2. 讨论并写出切槽加工方案。

加工阶段	加工表面	X 向磨耗值

实践操作

3．确定粗加工循环起点及终点的坐标。

	循环起点坐标	终点坐标
ϕ33mm×40mm 宽槽		
ϕ25mm×22mm 宽槽		

4．在下图中标出轮廓精加工路线，并确定轮廓各基点坐标。

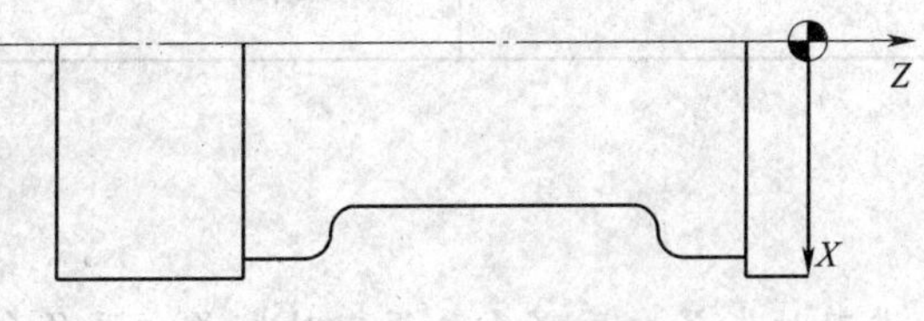

二、程序编制

在下表中编写零件加工程序。

程序段号	加工程序	程序说明
	O5020；	工件左端加工程序
N10	T0202；	换 2 号刀，取 2 号刀补
N20	M03 S400 M08；	主轴正转，切削液开
N30	G00 Z－8.0；	定位至循环起点
N40	X38.0；	
N50		循环切 ϕ33 mm×40 mm 宽槽
N60		
N70	G00 X38.0 Z－17.0；	定位至循环起点
N80		循环切 ϕ25 mm×22 mm 宽槽
N90		
N100	G00 X100.0 Z100.0；	退刀
N110	M05 M09；	主轴停转
N120	M00；	程序暂停，检测并修改磨耗值
N130		重新调用 02 号刀补
N140		定位至精加工的切入点
N150		精加工轮廓
N160		
N170		
N180		
N190		
N200		
N210		
N220		
N230		

续表

程序段号	加工程序	程序说明
	O0010；	工件左端加工程序
N240	G00 X100.0；	退刀
N250	Z100.0；	
N260	M05 M09；	程序结束部分
N270	M30；	

实践操作

用顶尖装夹，进刀时先 Z 向再 X 向，退刀时先 X 向再 Z 向。

操作

听老师讲解实践操作的操作要点和注意事项，在实习场地完成相关操作。

四、任务测评

工件编号				总得分		
项目与权重	序号	技术要求	配分	评分标准	检测记录	得分
工件加工（70%）	1	$\phi 33_{-0.03}^{0}$ mm	15	超 0.01mm 扣 5 分		
	2	$\phi 25_{-0.03}^{0}$ mm	15	超 0.01mm 扣 5 分		
	3	（40 ±0.05） mm	10	超 0.01mm 扣 2 分		
	4	R2 mm 圆角（4 处）	10	每错一处扣 3 分		
	5	其他尺寸	10	每错一处扣 2 分		
	6	Ra1.6μm	10	每错一处扣 2 分		
程序与加工工艺（30%）	7	程序格式规范	10	每错一处扣 2 分		
	8	程序正确、完整	10	每错一处扣 2 分		
	9	切削用量参数设定正确	5	不合理每处扣 3 分		
	10	换刀点与循环起点正确	5	不正确全扣		
机床操作与文明生产（倒扣）	11	文明生产	倒扣	不合格每处倒扣 5 ~ 10 分		
	12	安全操作				

任务3　复合固定循环 G75 切均布槽

一、工作任务

完成如图所示工件上内孔均布槽的数控编程加工。

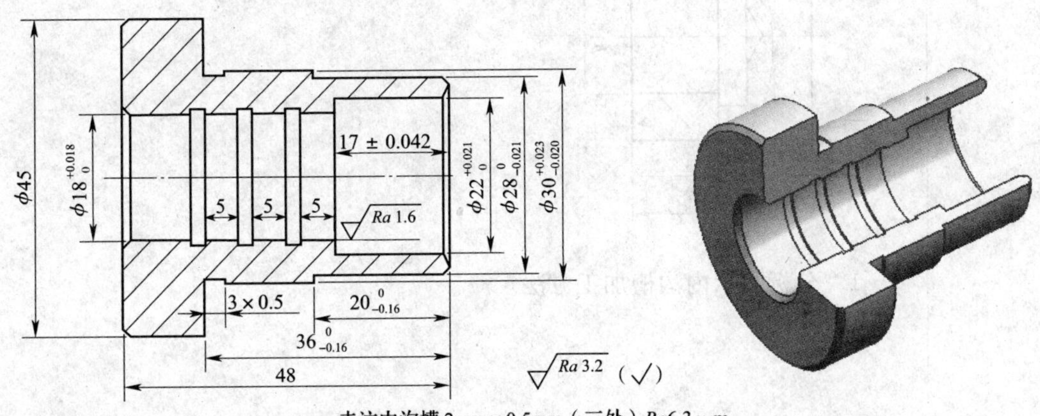

未注内沟槽 2mm × 0.5mm（三处）Ra6.3 μm

二、任务准备

毛坯尺寸为 ϕ50 mm × 50 mm，材料为 45 钢，内孔已预钻至 ϕ16 mm，工具、量具、刃具按教材清单准备。

三、任务实施

学习环节	学习过程和内容
新课准备	知识回顾：切槽的加工方法；径向切槽循环 G75 的指令格式及循环参数的含义。 通过查阅资料等方式做一些课前准备工作，并思考以下问题： 1. 内沟槽的编程方法。 2. 均布槽的编程方法。

理论学习	一、内沟槽加工工艺 用 G01 指令编写下图中内沟槽的加工程序（已镗孔 ϕ18 mm 至深 16 mm）。 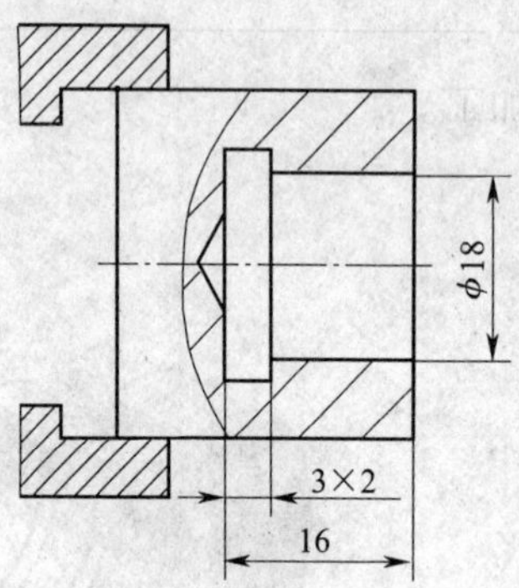 1. 分析图示内沟槽加工方法。 2. 合理选择刀具及切削用量，编制切槽加工程序。 二、G75 循环在径向均布槽加工中的应用 1. 讨论并回答问题 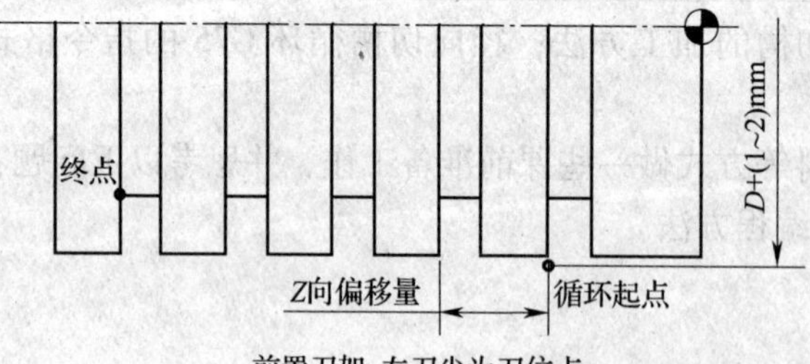 （1）切槽加工的起点（循环起点）在什么位置？为什么？

理论学习

（2）径向循环递进切削每次背吃刀量、退刀量如何确定？

（3）刀具完成一次径向切削后，在 Z 方向的偏移量如何确定？

（4）切槽加工的终点坐标值如何确定？

2. 编制图示零件均布槽加工程序（切槽刀，刃宽为 4 mm）

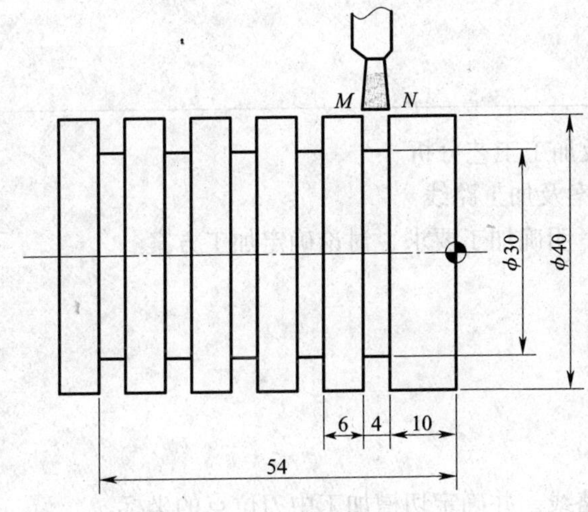

（1）编程分析并确定各循环参数

循环起点	每次退刀量 e	X 方向的每次背吃刀量 Δi	每次 Z 向的偏移量 Δk	切槽终点坐标

理论学习	（2）编制加工程序 3. 切槽刀刃宽小于槽宽，均布槽无法一次循环切出，加工方案应如何确定？（以刃宽 3 mm 为例）
实践操作	一、零件图样及加工工艺分析 1. 制定加工方案及加工路线 （1）分析图样，明确加工要求，讨论确定加工方案。 （2）分析加工路线，并确定切槽加工中刀位点的坐标。 Z X M N

均布内沟槽加工中刀位点的坐标			
换刀点	安全位置	循环起点	终点坐标

2. 解释机夹可转位车刀及刀片型号的含义

（1）内切槽刀（刀片平装）

GRVRS20M. 16TC11

（2）刀片

TC1102R110 - V

实践操作

二、程序编制

1. 编程分析并确定各循环参数，填入下表。

循环起点	每次退刀量 e	X 方向的每次背吃刀量 Δi	每次 Z 向的偏移量 Δk	切槽终点坐标

2. 在下表中编写零件加工程序。

程序段号	加工程序	程序说明
	O5030;	工件右端加工程序
⋮	⋮	加工右端内、外圆轮廓，加工程序略
N160	T0404;	换 4 号内切槽刀，刃宽 2 mm
N170	M03 S400 M08;	主轴正转，切削液开
N180		进刀至安全位置
N190		定位至循环起点
N200		循环切均布槽
N210		
N220		退刀至工件外安全位置
N230	G28 U0 W0;	程序结束部分
N240	M05 M09;	
N250	M30;	

操作

实践操作	听老师讲解实践操作的操作要点和注意事项，在实习场地完成相关操作。 一、安装内切槽刀  内切槽刀兼具切槽刀与镗孔刀的特点。 二、完成内切槽刀的对刀操作及刀补验证操作 三、完成零件加工  若选用刃宽略小于槽宽的内切槽刀加工，通过修改 Z 向磨耗值（磨耗值=槽宽-刃宽），执行两次加工程序即可完成。 四、正确选用量具检测内沟槽  （1）内沟槽的深度用弹簧内卡规测量。 （2）内沟槽的轴向尺寸可用钩形游标深度尺测量。

四、任务测评

工件编号				总得分		
项目与权重	序号	技术要求	配分	评分标准	检测记录	得分
工件加工（70%）	1	$\phi22^{+0.021}_{0}$ mm	10	超 0.01 mm 扣 5 分		
	2	$\phi18^{+0.018}_{0}$ mm	10	超 0.01 mm 扣 5 分		
	3	(17±0.042) mm	5	超 0.01 mm 扣 2 分		
	4	轴向位置正确	10	每错一处扣 5 分		
	5	槽宽尺寸正确	10	每错一处扣 5 分		
	6	槽深尺寸正确	10	每错一处扣 5 分		
	7	其他尺寸	5	每错一处扣 2 分		
	8	$Ra3.2$ μm	10	每错一处扣 2 分		

续表

工件编号				总得分		
项目与权重	序号	技术要求	配分	评分标准	检测记录	得分
程序与加工工艺（30%）	9	程序格式规范	10	每错一处扣2分		
	10	程序正确、完整	10	每错一处扣2分		
	11	切削用量参数设定正确	5	不合理每处扣3分		
	12	换刀点与循环起点正确	5	不正确全扣		
机床操作与文明生产（倒扣）	13	文明生产	倒扣	不合格每处倒扣5~10分		
	14	安全操作				

任务4　复合固定循环 G74 切端面槽

一、工作任务

完成如图所示工件上端面槽的数控编程加工。

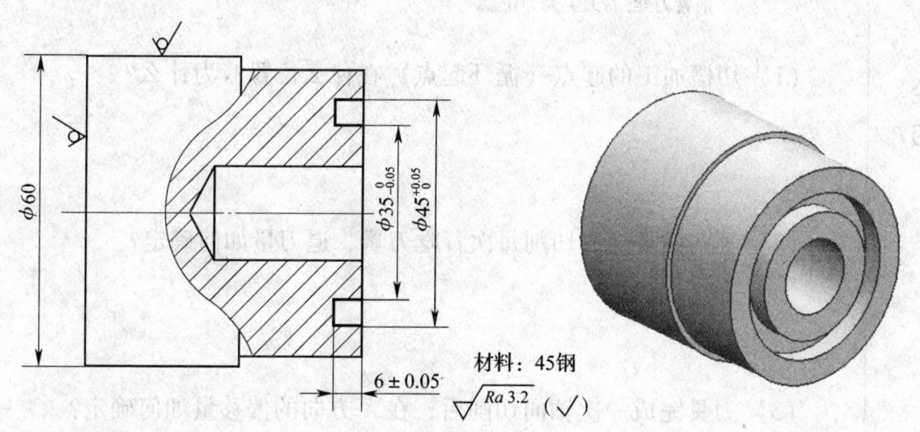

二、任务准备

毛坯为已完成外形轮廓及钻孔加工的 ϕ60 mm × 60 mm 的圆钢，工具、量具、刃具按教材清单准备。

三、任务实施

学习环节	学习过程和内容
新课准备	课前查阅资料了解典型端面槽的结构、用途，了解端面槽的加工方法。

理论学习	一、端面切槽加工工艺 1. 仔细观察端面直槽刀的形状，讨论端面槽刀与外圆切槽刀的异同点。 2. 讨论端面槽加工方法。 二、切槽复合循环指令 1. 思考并回答问题： 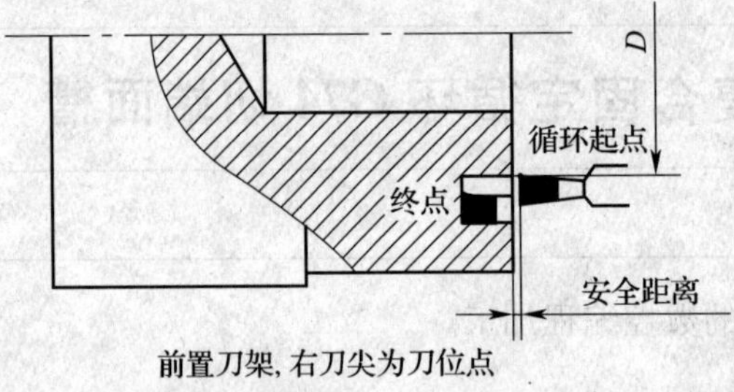 前置刀架，右刀尖为刀位点 （1）切槽加工的起点（循环起点）在什么位置？为什么？ （2）轴向循环递进切削每次背吃刀量、退刀量如何确定？ （3）刀具完成一次轴向切削后，在 X 方向的偏移量如何确定？ （4）切槽加工的终点坐标值如何确定？ 2. 写出端面切槽循环 G74 的指令格式及循环参数的含义。

理论学习	

3. 分析端面切槽循环加工动作。明确加工动作与循环参数的关系，在循环加工轨迹图中标出循环参数。

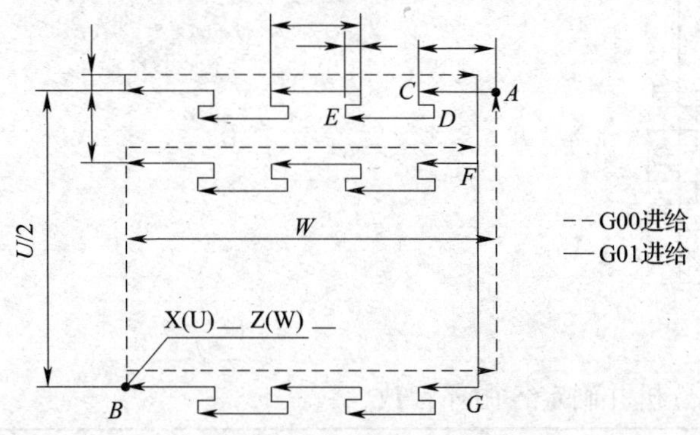

4. 比较 G74 循环与 G75 循环参数，填写下表。

	e	Δi	Δk	Δd
G75 循环				
G74 循环				

5. 编制图示零件端面宽槽加工程序。（右刀尖为刀位点，刃宽为 4 mm）

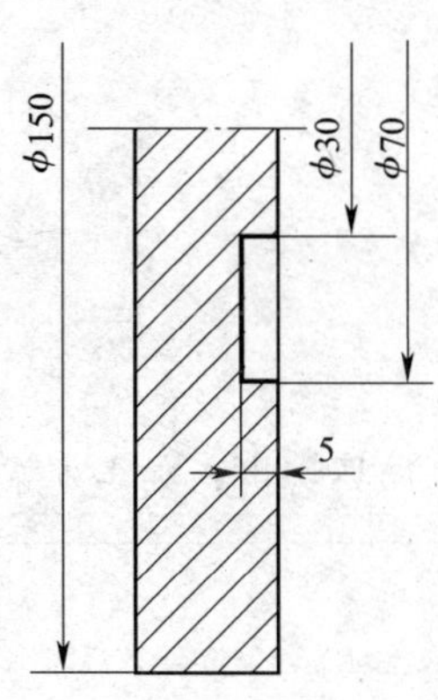

（1）编程分析并确定各循环参数

循环起点坐标	每次退刀量 e	每次 X 方向的偏移量 Δi	Z 向的每次切入量 Δk	切槽终点坐标

（2）编制加工程序

理论学习

6. 编制图示零件端面均布槽加工程序。（右刀尖为刀位点，刃宽为4 mm）

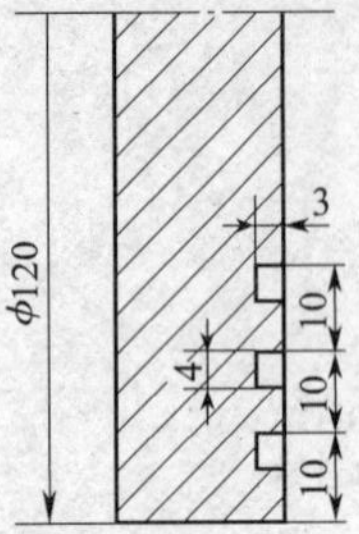

（1）编程分析并确定各循环参数

循环起点坐标	每次退刀量 e	每次 X 方向的偏移量 Δi	Z 方向的每次切入量 Δk	切槽终点坐标

（2）编制加工程序

切槽刀刃宽小于槽宽，均布槽无法一次循环切出，加工方案应如何确定？

实践操作

一、零件及加工工艺分析

1. 制定加工方案及加工路线

（1）分析图样，明确加工要求。

本任务中，端面槽槽宽________、槽深________，端面槽两侧圆弧直径及尺寸公差分别为________、________，表面粗糙度要求为________。

（2）讨论并确定加工方案。

2. 解释机夹可转位车刀及刀片型号的含义

(1) 端面切槽刀

KFMSR2020M4050 - 3

(2) 刀片

FMM30 - 04

端面槽刀刀尖处的副后刀面的圆弧半径必须小于端面直槽的大圆弧半径，以防左副后刀面与工件端面槽孔壁相碰。

实践操作

二、程序编制

1. 编程分析并确定各循环参数，填写下表

循环起点坐标	每次退刀量 e	X 方向的每次偏移量 Δi	Z 方向的每次切入量 Δk	切槽终点坐标

2. 在下表中编写零件加工程序

程序段号	加工程序	程序说明
	O5040;	工件右端加工程序
N10	T0202;	换 2 号刀，取 2 号补
N20	M03 S400 M08;	主轴正转，切削液开
N30		定位至循环起点
N40		循环切端面槽
N50		
N60	G28 U0 W0;	程序结束部分
N70	M05 M09;	
N80	M30;	

实践操作	 **操作** 听老师讲解实践操作的操作要点和注意事项，在实习场地完成相关操作。 一、安装端面槽刀  端面切槽刀的装刀要点和注意事项与外圆切槽刀基本相同。 二、完成端面切槽刀的对刀操作及刀补验证操作  严格按照操作步骤完成切槽刀的对刀及刀补设定，对刀动作应又准又快。 Z 向对刀时，不宜试切端面，而是通过微调时切槽刀的刀尖靠到工件端面上即可。 验证刀补时，应注意观察屏幕显示的绝对坐标值和刀位点相对工件的位置是否一致，发现问题按复位键停机检查。 三、完成零件加工  先按教材表 5—22 的内容熟悉零件加工操作过程，后完成零件加工检测。

四、任务测评

工件编号				总得分		
项目与权重	序号	技术要求	配分	评分标准	检测记录	得分
工件加工（70%）	1	$\phi45^{+0.05}_{0}$ mm	15	超 0.01 mm 扣 3 分		
	2	$\phi35^{0}_{-0.05}$ mm	15	超 0.01 mm 扣 3 分		
	3	槽深 6 ± 0.05 mm	15	超 0.01 mm 扣 3 分		
	4	槽宽尺寸	15	超 0.01 mm 扣 3 分		
	5	$Ra3.2$ μm	10	每错一处扣 2 分		

续表

<table>
<tr><td colspan="2">工件编号</td><td colspan="2"></td><td>总得分</td><td colspan="2"></td></tr>
<tr><td>项目与权重</td><td>序号</td><td>技术要求</td><td>配分</td><td>评分标准</td><td>检测记录</td><td>得分</td></tr>
<tr><td rowspan="4">程序与加工工艺（30%）</td><td>6</td><td>程序格式规范</td><td>10</td><td>每错一处扣 2 分</td><td></td><td></td></tr>
<tr><td>7</td><td>程序正确、完整</td><td>10</td><td>每错一处扣 2 分</td><td></td><td></td></tr>
<tr><td>8</td><td>切削用量参数设定正确</td><td>5</td><td>不合理每处扣 3 分</td><td></td><td></td></tr>
<tr><td>9</td><td>换刀点与循环起点正确</td><td>5</td><td>不正确全扣</td><td></td><td></td></tr>
<tr><td rowspan="2">机床操作与文明生产（倒扣）</td><td>10</td><td>文明生产</td><td rowspan="2">倒扣</td><td rowspan="2">不合格每处倒扣 5～10分</td><td rowspan="2"></td><td rowspan="2"></td></tr>
<tr><td>11</td><td>安全操作</td></tr>
</table>

项 目 六

螺 纹 车 削

任务 1　圆柱外螺纹车削

一、工作任务

如下图所示工件，试完成工件右端圆柱螺纹部分的数控编程加工。

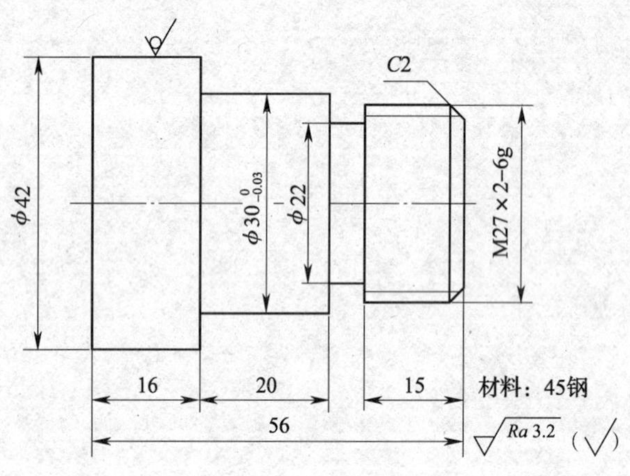

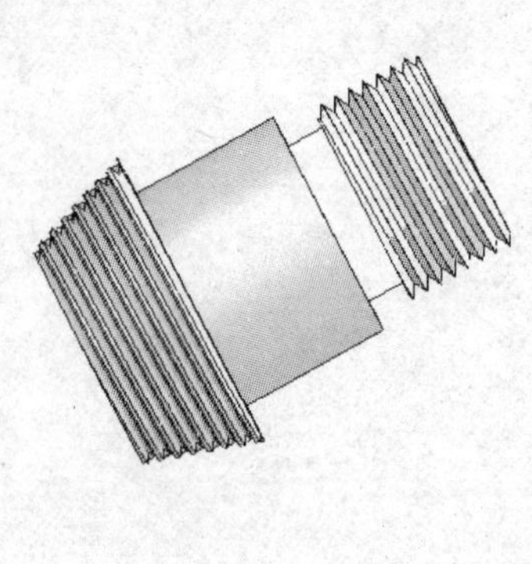

二、任务准备

ϕ42 mm×57 mm 的钢料毛坯，工具 、量具、刃具按教材清单准备。

三、任务实施

学习环节	学习过程和内容
新课准备	知识回顾：螺纹的相关知识；普车中螺纹车削加工的相关工艺知识。 结合普车加工经验，讨论并回答以下问题： 普车加工中车削三角形螺纹的方法有哪些？螺纹加工前要做哪些准备工作？

<table>
<tr><td>理论
学习</td><td>一、普通三角螺纹加工工艺知识
1. 高速车削时应如何确定车削螺纹前的工件大径，为什么？

2. 如何确定螺纹总切深，多刀切削中每次进给的背吃刀量如何分配？以螺距 $P=2$ mm 为例，查表并写出背吃刀量及切削次数。

3. 在数控车床上多刀车削普通螺纹的常用方法有哪些？各适用于什么场合？

4. 螺纹轴向起点和终点位置应如何确定？为什么？

5. 数控加工中螺纹车刀材料应如何选择？为什么？

二、常用螺纹加工指令
1. 写出螺纹切削指令 G32 的指令格式及指令中各参数的含义。

2. 讨论 G32 指令加工动作，并在图中画出刀位点的运动轨迹。（G00 进给用虚线、G32 进给用粗实线）</td></tr>
</table>

理论学习

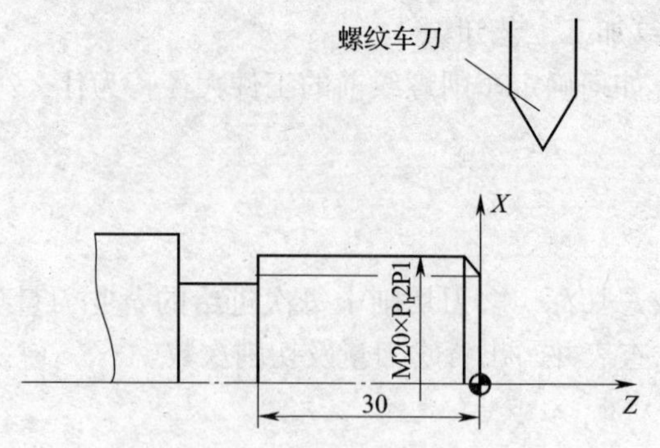

G32 圆柱螺纹的运动轨迹

3. 试用 G32 指令编写上图所示工件的 M20 × P_h2P1 螺纹加工程序。

（1）根据螺纹加工要求进行编程分析，确定牙深及分层切削次数，螺纹切削起点、终点坐标。

	分层切削	背吃刀量	起点坐标	螺纹起始角	终点坐标
第一条螺旋线	第一层				
	第二层				
	第三层				
第二条螺旋线	第一层				
	第二层				
	第三层				

（2）编制加工程序。

4. 写出螺纹切削单一固定循环 G92 的指令格式及指令中各参数的含义。

5. 在 G32 指令加工动作的基础上，分析总结 G92 指令加工动作，并在图中画出循环轨迹。

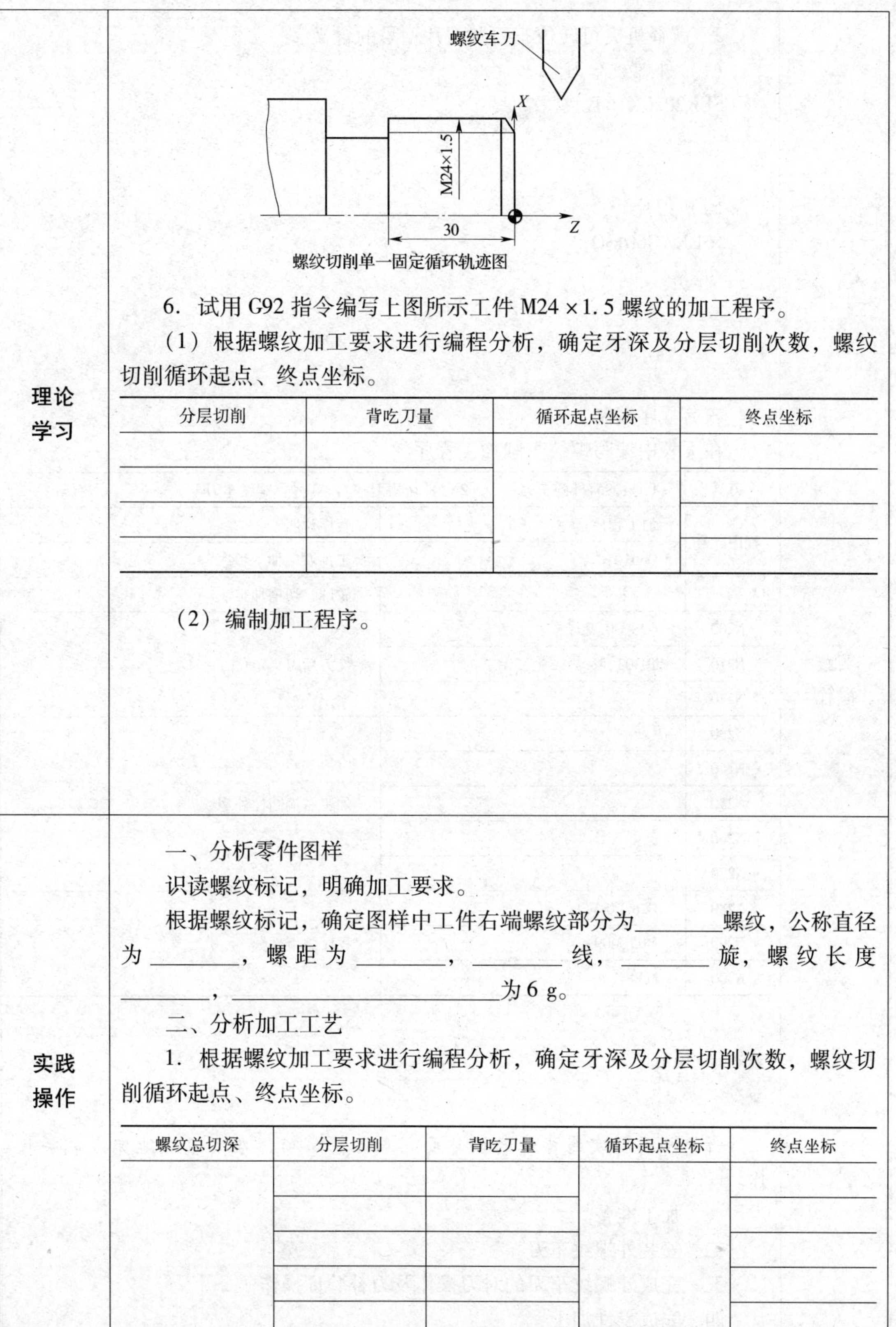

螺纹切削单一固定循环轨迹图

理论学习

6. 试用 G92 指令编写上图所示工件 M24×1.5 螺纹的加工程序。

（1）根据螺纹加工要求进行编程分析，确定牙深及分层切削次数，螺纹切削循环起点、终点坐标。

分层切削	背吃刀量	循环起点坐标	终点坐标

（2）编制加工程序。

实践操作

一、分析零件图样

识读螺纹标记，明确加工要求。

根据螺纹标记，确定图样中工件右端螺纹部分为________螺纹，公称直径为________，螺距为________，________线，________旋，螺纹长度________，________________________为 6 g。

二、分析加工工艺

1. 根据螺纹加工要求进行编程分析，确定牙深及分层切削次数，螺纹切削循环起点、终点坐标。

螺纹总切深	分层切削	背吃刀量	循环起点坐标	终点坐标

	2. 解释机夹可转位车刀及刀片型号的含义 （1）外螺纹车刀 SER2020K16T （2）刀片 16ERAG60ISO
实践操作	三、程序编制 在下表中编写螺纹车削加工程序。

刀具	1 号：95°外圆车刀 2 号：切槽刀 3 号：螺纹车刀	
程序段号	加工程序	程序说明
	O6010；	工件右端加工程序
	⋮	轮廓，切槽加工
N200	G28 U0 W0；	换刀后刀具定位
N210	T0303；	
N220		
N230		加工右端圆柱外螺纹
N240		
N250		
N260		
N270		
N280	G28 U0 W0；	程序结束部分
N290	M05 M09；	
N300	M30	

操作

听老师讲解实践操作的操作要点和注意事项，在实习场地完成相关操作。

一、加工准备

二、安装外螺纹车刀

三、完成外螺纹车刀的对刀操作及刀补验证操作

四、完成零件加工

四、任务测评

本任务工件的评分与任务 2 合并进行配置，先对本次任务自己进行检测，填入任务 2 零件配分权重表，再请同学互检，合格后交指导老师评分。

任务 2 圆锥外螺纹车削

一、工作任务

本任务在任务 1 的基础上，完成如下图所示工件左端圆锥螺纹部分的编程加工。

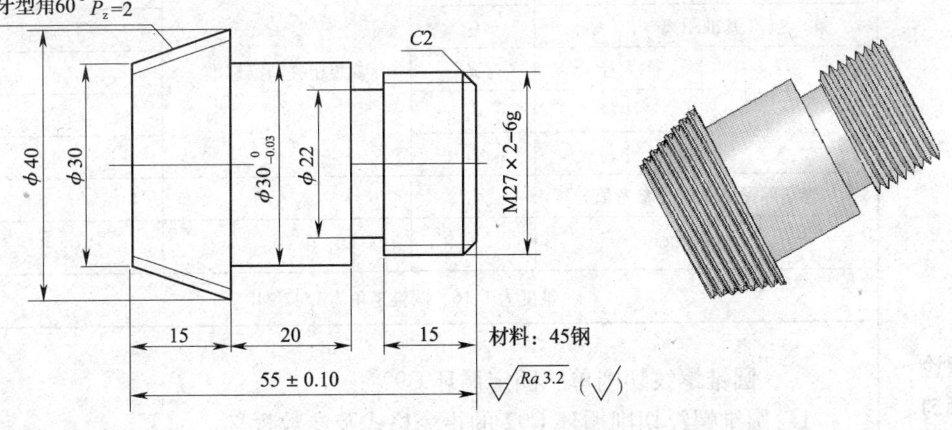

二、任务准备

沿用任务 1 的工件，掉头装夹，工具、量具、刃具按教材清单准备。

三、任务实施

学习环节	学习过程和内容
新课准备	知识回顾：圆锥螺纹的相关知识；G32 指令、G92 指令编程知识。
理论学习	一、圆锥螺纹加工工艺知识 1. 圆锥管螺纹各部分尺寸及每英寸牙数应如何确定？

2. 在下表中完成60°圆锥管螺纹相关要素及尺寸计算。

60°圆锥管螺纹的尺寸计算

名称		代号	计算公式	示例
牙型角		α	60°	
螺距		P	$P=\frac{25.4}{n}$	
原始三角形高度		H	$H=0.866P$	
牙型高度		h	$h=0.8P$	
有效螺纹长度		l_1	参照相关国家标准	
基准距离		l_2		
基面上的基本直径	大径	d		
	中径	d_2		
	小径	d_1		
管端部螺纹底径（参考值）		d_T		
圆锥长度		L	$L=l_1+$（3~4）牙	

锥度为1∶16，圆锥半角为1°47′24″

理论学习

二、圆锥螺纹切削单一固定循环G92

1. 圆锥螺纹切削循环G92的指令格式及参数含义。

2. 讨论G92指令加工动作，并在图中画出循环轨迹。（G00进给用虚线，G92进给用粗实线）

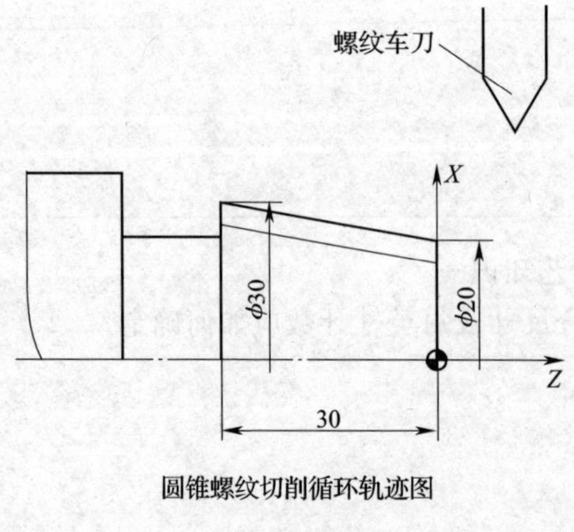

圆锥螺纹切削循环轨迹图

理论学习

3．螺纹轴向起点和终点位置应如何确定？为什么？

4．确定圆锥螺纹切削循环 G92 中的 R 值时，应注意哪些问题？

5．如上图所示，已知螺纹切削导入距离 δ_1 取 6 mm，导出距离 δ_2 取 3 mm，试计算 R 值。

6．试用 G92 指令编写上图所示圆锥螺纹加工程序（螺纹切削导入距离 δ_1 取6 mm，导出距离 δ_2 取 3 mm，Z 向螺距为 1.5 mm）。

（1）根据螺纹加工要求进行编程分析，确定牙深及分层切削次数，螺纹切削循环起点、终点坐标。

分层切削	背吃刀量	循环起点坐标	终点坐标

（2）编制加工程序。

实践操作

一、分析零件图样

识读螺纹标记，明确加工要求。

根据螺纹标记，确定图样中工件左端螺纹部分为________螺纹，大端直径________，小端直径________，*Z* 向螺距为________，________线，________旋，螺纹长度________。

二、分析加工工艺

根据螺纹加工要求进行编程分析，确定牙深及分层切削次数，螺纹切削循环起点、终点坐标。

螺纹总切深	分层切削	背吃刀量	循环起点坐标	终点坐标

三、程序编制

在下表中编写零件圆锥螺纹加工程序。

刀具	1 号：95°外圆车刀　　3 号：外螺纹车刀	
程序段号	加工程序	程序说明
	O6020；	工件左端加工程序
	⋮	轮廓加工
N90		刀具定位至循环起点
N100		加工圆锥螺纹
N110		
N120		
N130		
N140		
N150	G28 U0 W0；	程序结束部分
N160	M05 M09；	
N170	M30；	

加工圆锥螺纹时，由于有导入距离和导出距离的存在，在编程过程中要特别注意 *R* 值的计算。

操作

听老师讲解实践操作的操作要点和注意事项，在实习场地完成相关操作。

一、完成零件加工

二、对照教材表6—14完成工件螺纹部分的加工质量分析

四、任务测评

先对本次任务自己进行检测，再请同学互检，合格后交指导老师评分，经老师签字，方可进行下一任务的实训。

<table>
<tr><td colspan="2">工件编号</td><td colspan="2"></td><td colspan="3">总得分</td></tr>
<tr><td>项目与权重</td><td>序号</td><td>技术要求</td><td>配分</td><td>评分标准</td><td>检测记录</td><td>得分</td></tr>
<tr><td rowspan="9">工件加工（70%）</td><td>1</td><td>$\phi30_{-0.03}^{0}$ mm</td><td>6</td><td>超0.01 mm扣3分</td><td></td><td></td></tr>
<tr><td>2</td><td>$\phi40$ mm</td><td>5</td><td>超0.05 mm扣2分</td><td></td><td></td></tr>
<tr><td>3</td><td>$\phi30$ mm</td><td>5</td><td>超0.05 mm扣2分</td><td></td><td></td></tr>
<tr><td>4</td><td>M27×2－6g</td><td>10</td><td>超差全扣</td><td></td><td></td></tr>
<tr><td>5</td><td>圆锥螺纹</td><td>10</td><td>超差全扣</td><td></td><td></td></tr>
<tr><td>6</td><td>（55±0.10）mm</td><td>8</td><td>超0.01 mm扣2分</td><td></td><td></td></tr>
<tr><td>7</td><td>C2 mm倒角、退刀槽</td><td>6</td><td>每错一处扣3分</td><td></td><td></td></tr>
<tr><td>8</td><td>Ra3.2 μm</td><td>10</td><td>每错一处扣2分</td><td></td><td></td></tr>
<tr><td>9</td><td>其余尺寸</td><td>10</td><td>每错一处扣2分</td><td></td><td></td></tr>
<tr><td rowspan="4">程序与加工工艺（30%）</td><td>10</td><td>程序格式规范</td><td>5</td><td>每错一处扣2分</td><td></td><td></td></tr>
<tr><td>11</td><td>程序正确、完整</td><td>10</td><td>每错一处扣2分</td><td></td><td></td></tr>
<tr><td>12</td><td>加工工艺正确</td><td>10</td><td>不合理每处扣3分</td><td></td><td></td></tr>
<tr><td>13</td><td>机床操作正确</td><td>5</td><td>不正确全扣</td><td></td><td></td></tr>
<tr><td rowspan="2">机床操作与文明生产（倒扣）</td><td>14</td><td>文明生产</td><td rowspan="2">倒扣</td><td rowspan="2">不合格每处倒扣5～10分</td><td rowspan="2"></td><td rowspan="2"></td></tr>
<tr><td>15</td><td>安全操作</td></tr>
</table>

任务3　内螺纹车削

一、工作任务

完成如图所示工件右端外圆、螺纹底孔及内螺纹加工，毛坯已预制$\phi20$ mm、深26 mm的底孔。

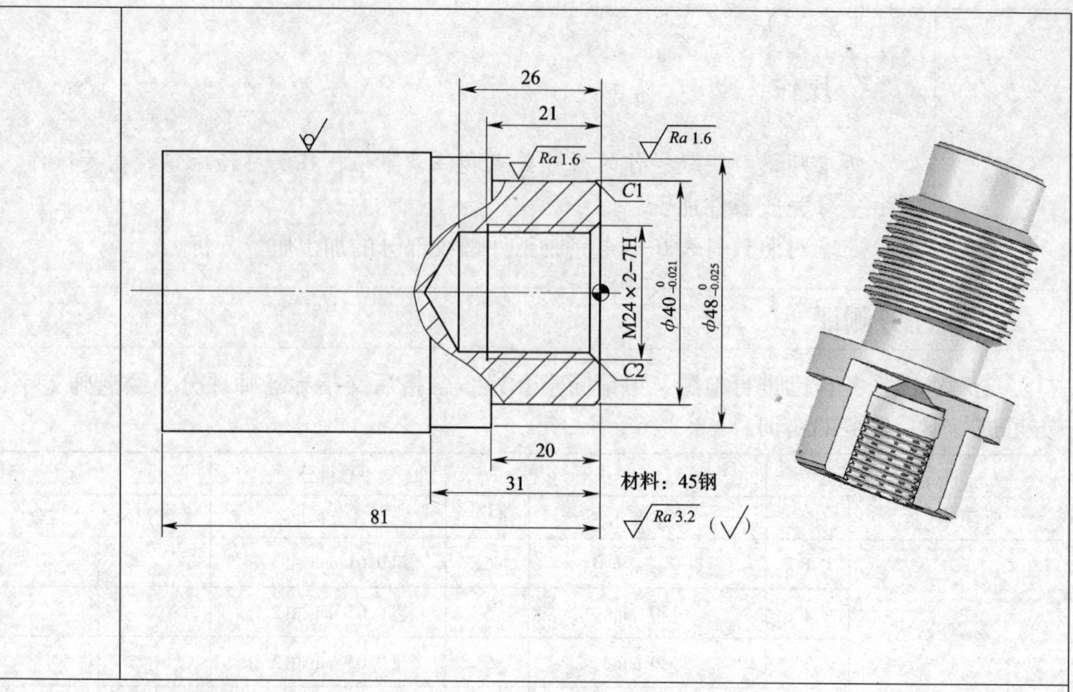

二、任务准备

毛坯为 ϕ50 mm × 82 mm 的圆钢，毛坯已预制 ϕ20 mm、深 26 mm 的底孔，工具、量具、刃具按教材清单准备。

三、任务实施

学习环节	学习过程和内容
新课准备	知识回顾：普车中内螺纹车削加工的相关工艺知识；普车加工中车削三角形内螺纹的方法；G32、G92 指令编程知识。
理论学习	一、普通三角形螺纹加工工艺知识 1. 车削内螺纹时应如何确定车螺纹前孔径？为什么？ 2. 根据螺纹标记 M24 ×2 −7H 进行螺纹切削径向尺寸计算。

理论学习

二、螺纹切削复合循环指令 G76

1. 解释下列螺纹切削复合循环 G76 指令及参数的含义：

G76 P011030 Q50 R0.05；

G76 X27.6 Z－30.0 R0 P1200 Q400 F2.0；

2. 讨论 G76 指令加工动作，分析循环的运动轨迹。

3. 从图示进刀轨迹分析，G76 循环多刀车削螺纹采用的方法是直进法还是斜进法？在图中标注每刀的背吃刀量，并说说背吃刀量主要与哪个参数有关？

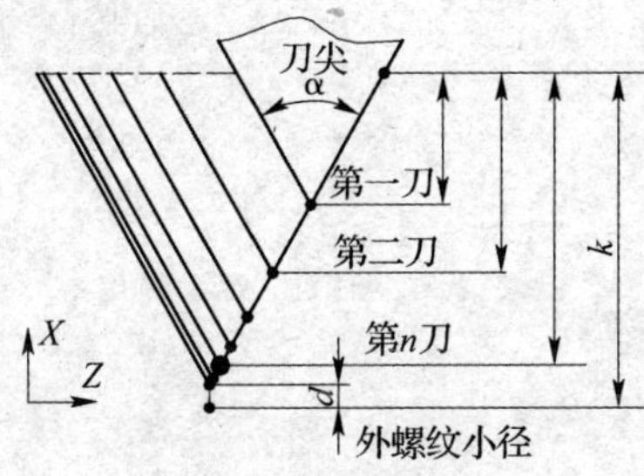

G76 循环进刀轨迹图

4. 螺纹加工循环起点和螺纹切削终点坐标应如何确定？

5. 在前置刀架式数控车床上，试用 G76 指令编写图示外螺纹的加工程序（未考虑各直径的尺寸公差）。

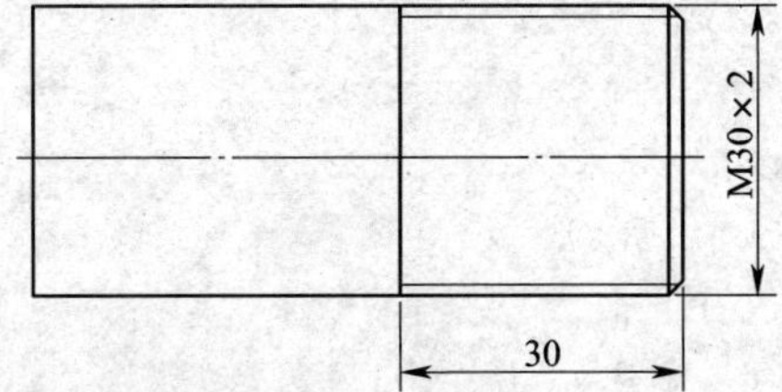

	(1) 根据螺纹加工要求进行编程分析，确定螺纹加工参数及螺纹切削循环起点、终点坐标。 (2) 编制加工程序。
理论学习	6. 在前置刀架式数控车床上，试用 G76 指令编写图示内螺纹的加工程序（未考虑各直径的尺寸公差）。 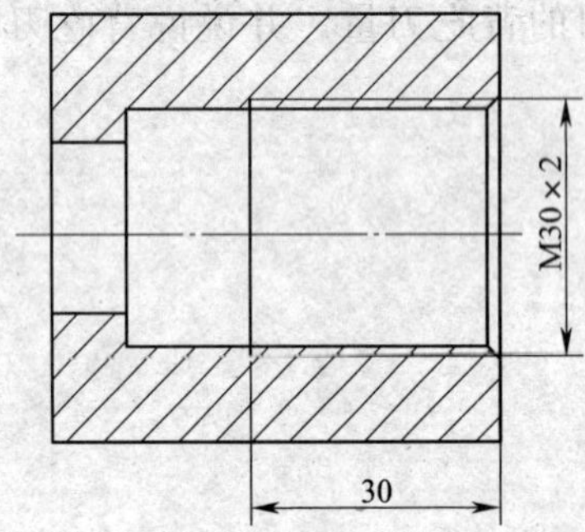 (1) 根据螺纹加工要求进行编程分析，确定螺纹加工参数及螺纹切削循环起点、终点坐标。 (2) 编制加工程序。

实践操作	一、分析零件图样 识读螺纹标记，明确加工要求。 根据螺纹标记，确定图样中工件右端内螺纹部分为________螺纹，公称直径为________，螺距为________，________线，________旋，螺纹长度________，螺纹中、顶径公差带代号为________。 二、分析加工工艺 1．写出工件右端加工步骤。 2．确定 G76 循环加工参数，写出循环加工指令。 3．解释机夹可转位车刀及刀片型号的含义。 （1）内螺纹车刀 SNR0016M16 （2）刀片 16ERAG60ISO 三、程序编制 在下表中完成内螺纹加工程序的编制。

刀具	1 号：外圆车刀　　2 号：内孔车刀　　3 号：内螺纹车刀	
程序段号	加工程序	程序说明
	O6030；	工件右端加工程序
⋮	⋮	完成外圆、内孔程序编制
N190	G00 X100.0 Z100.0；	换 3 号刀，取 3 号刀具长度补偿
N200	T0303；	
N210	G00 X20.0 Z4.0 S400 M03 ；	换刀后刀具定位至循环起点
N220		G76 指令循环加工右端内螺纹
N230		
N240	G28 U0 W0；	程序结束部分
N250	M05 M09；	
N260	M30；	

<table>
<tr><td>实践
操作</td><td>
操作

听老师讲解实践操作的操作要点和注意事项，在实习场地完成相关操作。
一、加工准备
二、安装内螺纹车刀
三、完成内螺纹车刀的对刀操作及刀补验证操作

刀补验证时，考虑到螺纹车刀的刀位点在刀头的中间，所以对刀点的坐标（即刀位点的位置）与工件应保证合适的距离，防止车刀与工件发生干涉。
四、完成零件加工
五、对照教材表 6—14 完成工件螺纹部分的加工质量分析</td></tr>
</table>

四、任务测评

本任务工件的评分与任务 4 合并进行配置，先对本次任务自己进行检测，填入任务 4 零件配分权重表，再请同学互检，合格后交指导老师评分。

任务 4　双线螺纹车削

一、工作任务

在任务 3 的基础上完成如图所示工件右端外圆、退刀槽及双线外螺纹加工。

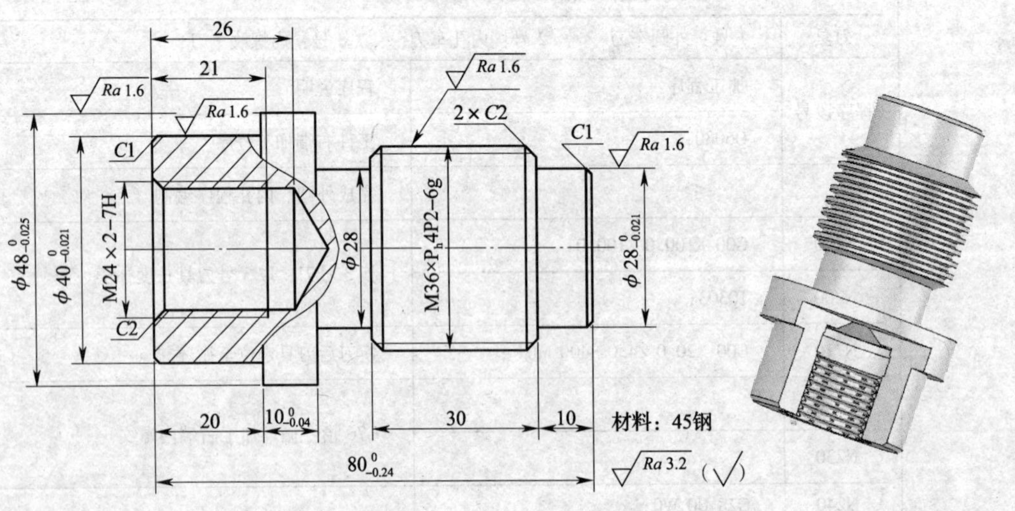

二、任务准备

本任务毛坯沿用任务 3 的工件，掉头装夹完成。工具、量具、刃具按教材清单准备。

三、任务实施

学习环节	学习过程和内容
新课准备	知识回顾：多线螺纹的相关知识；螺纹切削复合循环指令 G76 的相关知识。 结合普车加工经验，讨论并回答以下问题：在普车加工中车削多线螺纹与车削单线螺纹的不同之处。
理论学习	一、多线螺纹加工工艺知识 1．什么是多线螺纹？如何判别多线螺纹的线数？ 2．数控加工中多线螺纹如何分线？ 二、螺纹的测量 1．螺纹常用的测量方法有哪两种？各使用何种量具？ 2．查表计算 $M36 \times P_h4P2-6g$ 螺纹公差带。

理论 学习	3. 下图量具的名称是什么？使用该量具进行中径测量时应注意哪些问题？ 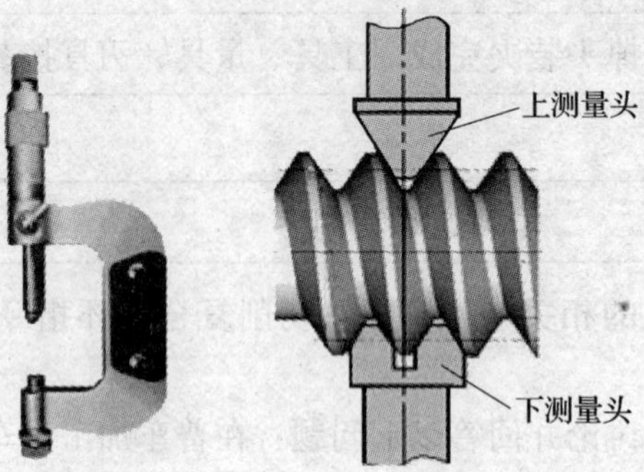 上测量头 下测量头 4. 螺纹环规、塞规的通规、止规如何区分？用螺纹通规、止规检测时，螺纹合格的标准是什么？
实践 操作	一、分析零件图样 1. 识读螺纹标记，明确加工要求 根据螺纹标记，确定图样中零件右端外螺纹为公称直径________的普通细牙螺纹，导程________，________线，右旋，________________________为6g，螺纹长度为________。 2. 讨论保证螺纹加工精度及表面粗糙度要求的措施。 二、分析加工工艺 1. 确定工件右端加工方案，写出加工步骤。 2. 确定 G76 循环加工参数，写出循环加工指令。

实践操作

三、程序编制

在下表中完成双线外螺纹加工程序的编制。

刀具	1 号：外圆车刀　　2 号：外切槽刀　　3 号刀：外螺纹车刀	
程序段号	加工程序	程序说明
	O6040；	工件右端加工程序
⋮	⋮	完成外圆、切槽程序编制
N230	G00 X100.0 Z100.0；	回换刀点，换 3 号刀，取 3 号刀具长度补偿
N240	T0303；	
N250		刀具快速定位至第一条螺旋线循环加工起点
N260		循环加工
N270		
N280		刀具快速定位至第二条螺旋线循环加工起点
N290		循环加工
N300		
N310	G28 U0 W0；	程序结束部分
N320	M05 M09；	
N330	M30；	

操作

听老师讲解实践操作的操作要点和注意事项，在实习场地完成相关操作。

（1）轴肩长度 10 mm 的加工精度可通过修调 Z 向磨耗值来保证。

（2）螺纹检测时，注意正确使用螺纹千分尺，并准确读数。

一、加工准备

二、完成三把刀对刀操作及刀补验证操作

三、完成零件加工

四、完成双线螺纹的检测

四、任务测评

先对本次任务自己进行检测，再请同学互检，合格后交指导老师评分，经老师签字，方可进行下一任务的实训。

工件编号				总得分		
项目与权重	序号	技术要求	配分	评分标准	检测记录	得分
工件加工（70%）	1	$\phi48_{-0.025}^{0}$ mm	6	超0.01 mm扣2分		
	2	$\phi40_{-0.021}^{0}$ mm	6	超0.01 mm扣2分		
	3	$\phi28_{-0.021}^{0}$ mm	6	超0.01 mm扣2分		
	4	M24×2－7H	6	超差全扣		
	5	M36×P_h4P2－6g	6	超差全扣		
	6	$80_{-0.24}^{0}$ mm	6	超0.01 mm扣2分		
	7	$10_{-0.04}^{0}$ mm	6	超0.01 mm扣2分		
	8	$Ra1.6$ μm	10	每错一处扣2分		
	9	一般尺寸	12	每错一处扣2分		
	10	内外切槽、倒角等	6	每错一处扣2分		
程序与加工工艺（30%）	11	程序格式规范	5	每错一处扣2分		
	12	程序正确、完整	10	每错一处扣2分		
	13	加工工艺正确	10	不合理每处扣3分		
	14	机床操作正确	5	不正确全扣		
机床操作与文明生产（倒扣）	15	文明生产	倒扣	不合格每处倒扣5~10分		
	16	安全操作				

项目七

自动编程

任务1　CAXA数控车软件的使用

一、工作任务

本任务是通过实际操作如下图所示CAXA数控车软件界面，学习CAXA数控车软件的运行、文件操作和设置的操作方法。同时，初步掌握CAXA数控车软件界面的各组成的功能。

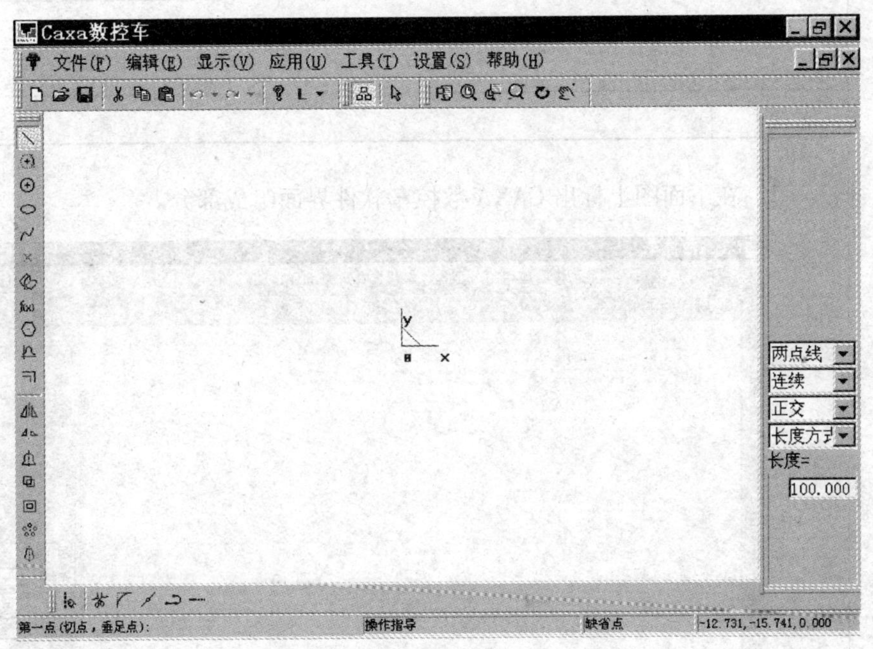

二、任务实施

学习环节	学习过程和内容
新课准备	通过查阅资料等方式做一些课前准备工作，并思考以下问题： 1. CAXA数控车软件是一款什么样的软件？

新课准备

2．你还能举出几种自动编程软件吗？

理论学习

完成本任务理论的学习，并根据掌握的情况回答以下问题：

1．CAXA 数控车软件有哪些主要功能？完成下表的填写。

序号	功 能 说 明
1	
2	
3	
4	
5	

2．在下面图上标出 CAXA 数控车软件界面组成部分。

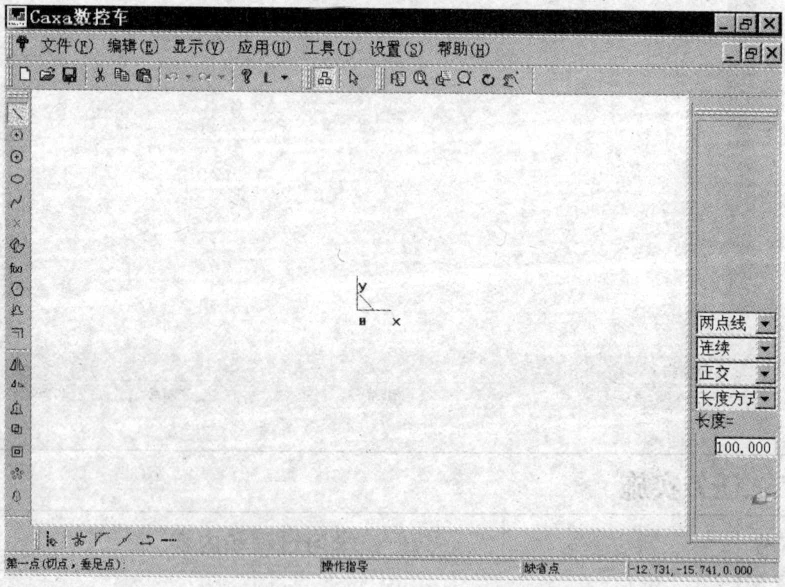

理论学习

3. CAXA 数控车软件界面各组成的内容及功能是什么？完成下表的填写。

组成	内容及功能

实践操作

一、进入计算机机房前应按要求戴好鞋套。

二、认真听取老师讲解，仔细观察老师演示。

三、独立在计算机上进行 CAXA 数控车软件启动和退出、文件操作、设置的操作练习，并补齐横线空白处的内容。

1. 启动 CAXA 数控车软件

操作步骤：在 Windows 桌面会出现“CAXA 数控车”的图标，双击“CAXA 数控车”图标就可以运行软件。

2. 退出 CAXA 数控车软件

操作步骤：单击“文件”菜单中的“退出”选项或右上角的关闭按钮，弹出一个确认对话框，对对话框提示作出选择后，即退出系统。

3. 建立新文件

操作步骤：单击主菜单中的________→________命令，或单击标准工具栏中的“新建”图标。

4. 打开文件

操作步骤：单击主菜单中的________→________命令，弹出“打开”对话框。在对话框中选择保存项目文件的文件夹和文件。单击“打开”键打开。

5. 保存文件

操作步骤：单击主菜单中的________→________命令，或单击标准工具栏中的“保存”图标。如果当前文件名不存在，则系统弹出“存储文件”对话框。选择相应的文件目录、文件类型和文件名。单击“保存”键保存。

6. 当前颜色

操作步骤：单击主菜单中的________→________命令，或单击“当前颜色”图标，系统弹出“颜色管理”对话框。选择一种基本颜色或扩展颜色中的任意颜色。单击“确定”键。

7. 层设置

实践操作	操作步骤：单击主菜单中的________→________命令，系统弹出“图层管理”对话框。选定某个图层，双击相应选项，可对其进行修改。单击对话框右侧相应按钮，进行相应操作。单击“确定”键。 8．拾取过滤设置 操作步骤：单击主菜单中的________→________命令，系统弹出“拾取过滤器”对话框。如果要修改图形元素的类型、图形元素的颜色，只要直接单击项目对应的复选框即可。对于图形元素的类型和图形元素的颜色，可单击下方的按钮。拖动窗口右下方的滚动条可以修改拾取盒的大小。单击“确定”键。 9．系统设置 操作步骤：单击主菜单中的________→________命令，弹出“系统设置”对话框。根据绘图的需要，用户可以对系统的默认设置参数进行修改。单击“确定”键。 四、按要求完成本任务的加工后，根据完成任务情况回答以下问题： 图层设置的意义是什么？

三、任务测评

先对本次任务自己进行检测，再请同学互检，合格后由指导老师评价，经老师签字，方可进行下一任务的实训。

项目与权重	序号	技术要求	配分	评分标准	检测记录	得分
纪律（20%）	1	准时到达机房	5	迟到全扣		
	2	学习工具齐全	5	不合格全扣		
	3	学习态度	10	不认真全扣		
CAXA 数控车软件的使用（70%）	4	启动软件、退出软件	10	不正确全扣		
	5	建立新文件	10	不正确全扣		
	6	打开文件	5	不正确全扣		
	7	保存文件	5	不正确全扣		
	8	当前颜色	10	不正确全扣		
	9	层设置	10	不正确全扣		
	10	拾取过滤设置	10	不正确全扣		
	11	系统设置	10	不正确全扣		
安全文明（10%）	12	工作场所整理	10	不合格全扣		

任务 2　CAXA 数控车自动编程加工实例

一、工作任务

本任务是用 CAXA 数控车自动编程加工如图所示零件，毛坯为 45 钢的棒料。

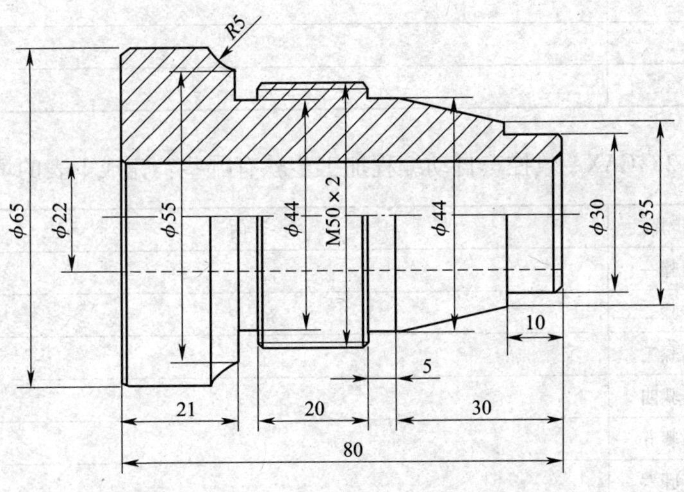

二、任务实施

学习环节	学习过程和内容
新课准备	知识回顾： 1. 回顾 CAXA 数控车软件主要功能。 2. 回顾 CAXA 数控车软件界面的组成。 3. 回顾 CAXA 数控车软件的运行、文件操作和设置的操作方法。 通过查阅资料等方式做一些课前准备工作，并思考以下问题： 1. CAXA 数控车自动编程加工零件的方法有哪些内容？ 2. 考虑本任务的内容及要求。

理论学习	完成本任务理论的学习，并根据掌握的情况回答以下问题： 1. CAXA数控车刀具库管理功能有哪些？完成下表的填写。 （见表一） 2. CAXA数控车自动编程加工步骤有哪些？完成下表的填写。 （见表二） 3. 生成代码功能是什么？ 4. 后置设置功能是什么？

表一

序号	内　容
1	
2	
3	
4	

表二

步骤	内　容
步骤一	
步骤二	
步骤三	
步骤四	
步骤五	
步骤六	

实践操作	一、进入计算机机房前应按要求戴好鞋套。 二、认真听取老师讲解，仔细观察老师演示。 三、独立在计算机上使用 CAXA 数控车自动编程完成本任务，并补齐横线空白处的内容。 1. 双击桌面上“CAXA 数控车”图标就可以运行软件。 2. 单击曲线生成工具栏图标进行加工造型。 3. 单击菜单栏中________→________→________________菜单项，或单击数控车工具栏图标，系统弹出“刀具库管理”对话框。在“刀具库管理”对话框中，增加 T01 号 93°硬质合金车刀、T02 号 93°内孔车刀、T04 号 3 mm 硬质合金切槽车刀和 T03 号 60°螺纹车刀。 4. 单击菜单栏中________→________→________________菜单项，或单击数控车工具栏的图标，系统弹出“粗车参数表”对话框，然后分别填写参数表。根据状态栏提示“拾取被加工表面轮廓”，按空格键弹出工具菜单，选“单个拾取”。当拾取第一条轮廓线后，此轮廓线变成红色的虚线，系统给出提示：选择方向。顺序拾取加工轮廓线并单击鼠标右键确定。状态栏提示“拾取定义的毛坯轮廓”，顺序拾取毛坯的轮廓线并单击鼠标右键确定。状态栏提示“输入进退刀点”，按回车键弹出输入对话框，输入“90，45”后再回车，生成加工轨迹。 单击菜单栏中________→________→________菜单项，或单击数控车工具栏的图标，系统弹出“精车参数表”对话框，处理对话框内容。根据状态栏提示“拾取被加工表面轮廓”，按方向拾取加工轮廓线并单击鼠标右键确定。状态栏提示“输入进退刀点”，按回车键弹出输入对话框，输入起始点回车，生成加工轨迹。 单击菜单栏中________→________→________菜单项，或单击数控车工具栏的图标，系统弹出“切槽参数表”对话框，填写各项参数并确定。根据状态栏提示，拾取加工轮廓线，按箭头方向顺序完成。输入起始点回车，生成加工轨迹。 单击菜单栏中________→________→________菜单项，或单击数控车工具栏的图标，状态栏提示“拾取螺纹的起始点”，用鼠标左键拾取起始点；状态栏提示“拾取螺纹终点”，用鼠标左键拾取终点。系统弹出“螺纹参数表”对话框，填写各项参数并确定。根据状态栏提示“输入进退刀点”，按回车键弹出输入对话框，输入起始点回车，生成加工轨迹。 单击菜单栏中________→________→________菜单项，或单击数控车工具栏的图标，系统弹出“粗车参数表”对话框，填写各项参数并确定。根据状态栏提示“拾取被加工表面轮廓”，拾取加工轮廓线并单击鼠标右键确定。状态栏提示“拾取定义的毛坯轮廓”，拾取毛坯的轮廓线并确定。状态栏提示“输入进退刀点”，按回车键弹出输入对话框，输入刀具的起始点回车，生成加工轨迹。 5. 单击菜单栏中________→________→________菜单项，或单击数控车

实践操作	工具栏的图标，系统弹出“机床类型设置”对话框。单击对话框中的“增加机床”，系统弹出“增加新机床”对话框，输入“FANUC”，并单击“确定”按钮。按照FANUC 0i数控系统的编程指令格式，填写各项参数。 单击菜单栏中______→______→______菜单项，或单击数控车工具栏的图标，系统弹出“后置处理设置”对话框，填写各项参数。 6．单击菜单栏中______→______→______菜单项，或单击数控车工具栏的图标，系统弹出一个需要用户输入文件名的对话框，填写后置程序文件名。 单击“打开”按钮，系统弹出对话框，问是否创建该文件，选择“是”，创建文件。 状态栏提示“拾取刀具轨迹”，顺序拾取外轮廓粗、精加工轨迹，切槽加工轨迹，螺纹加工轨迹和内孔加工轨迹，单击鼠标右键确定。 自动生成加工程序。 四、试举一例，用CAXA数控车自动编程加工，并记录操作步骤。

三、任务测评

先对本次任务自己进行检测，再请同学互检，合格后由指导老师评价，经老师签字，方可进行下一任务的实训。

项目与权重	序号	技术要求	配分	评分标准	检测记录	得分
纪律（20%）	1	准时到达机房	5	迟到全扣		
	2	学习工具齐全	5	不合格全扣		
	3	学习态度	10	不认真全扣		
自动编程加工（70%）	4	加工建模	10	不正确全扣		
	5	刀具参数设置	15	不正确全扣		
	6	生成零件的加工轨迹	15	不正确全扣		
	7	机床设置与后置处理	15	不正确全扣		
	8	后置处理	15	不正确全扣		
安全文明（10%）	9	工作场所整理	10	不合格全扣		

项目八

综合训练

任务1 综合实例一

一、工作任务

如图所示工件，毛坯为 $\phi52$ mm × 97 mm 的棒料，材料为 45 钢，试在 FANUC 0i Mate－TB 系统的 CAK6140 型数控车床上进行加工。

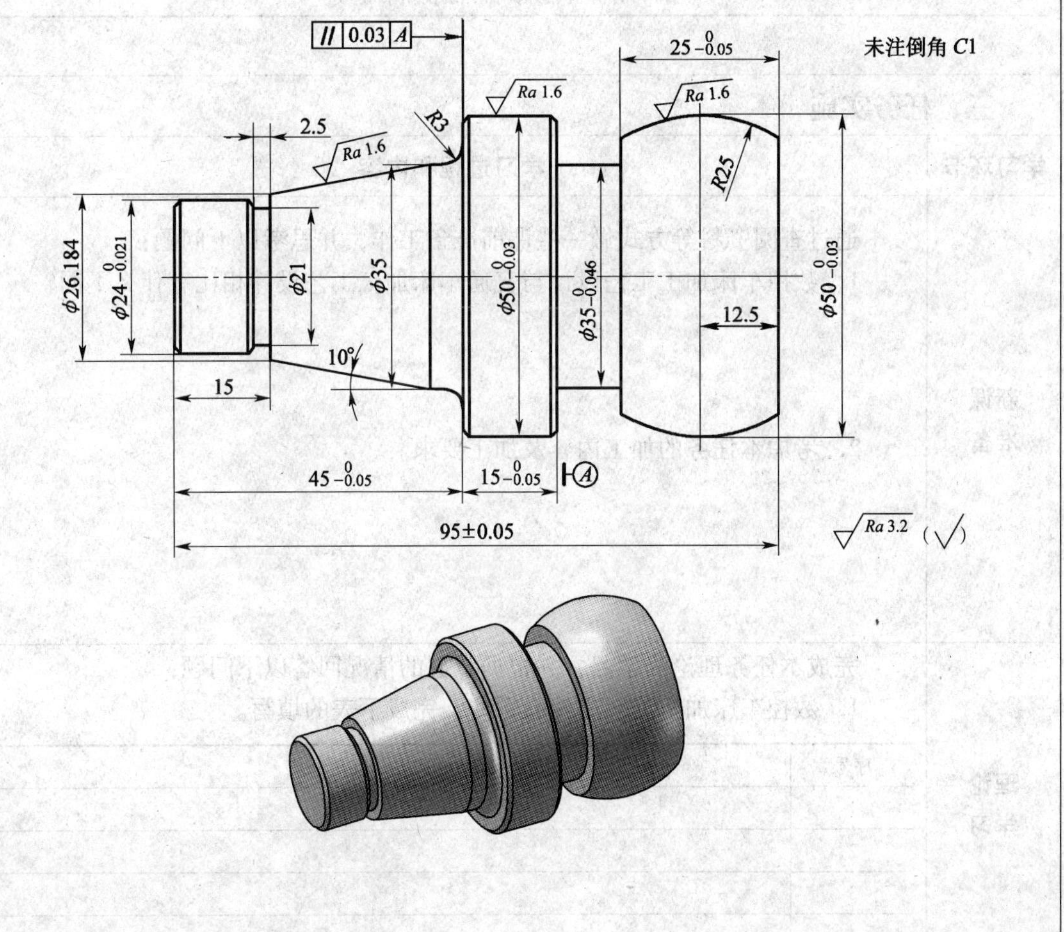

二、任务准备

工具、量具、刃具清单参见下表：

序号	名称	规格	数量	备注
1	游标卡尺	0～150 mm，精度为 0.02 mm	1	
2	千分尺	0～25 mm、25～50 mm、50～75 mm，精度为 0.01 mm	各 1	
3	万能量角器	0°～320°，精度为 2′	1	
4	百分表	0～10 mm，精度为 0.01 mm	1	
5	磁性表座		1	
6	半径样板	$R7$～$R14.5$，$R15$～$R25$		
7	外圆车刀	93°、45°	1	
8	不重磨外圆车刀	R 型、V 型、T 型、S 型刀片	各 1	选用
9	外切槽刀	刃宽 3 mm、刃宽 2 mm	各 1	
10	辅具	莫氏钻套、钻夹头、活顶尖	各 1	
11	其他	铜棒、铜皮、毛刷等常用工具		选用
		计算机、计算器、编程用书等		

三、任务实施

学习环节	学习过程和内容
新课准备	通过查阅资料等方式做一些课前准备工作，并思考以下问题： 1. 数控车床加工工艺设计与普通车床加工工艺设计相比有什么不同？ 2. 考虑本任务的加工内容及加工要求。
理论学习	完成本任务理论的学习，并根据掌握的情况回答以下问题： 1. 数控车床加工工艺文件有哪些？完成下表的填写。

序号	内容
1	
2	
3	
4	

理论学习	2. 零件轮廓几何要素分析内容有哪些？完成下表的填写。

内容	说明

实践操作	一、进入车间前应按要求穿戴好工作服等安全防护用品（女生必须戴工作帽，并将长发盘于帽中）。 二、认真听取老师讲解，仔细观察老师演示。 三、独立在数控车床上按图样加工本任务。 1. 制定加工工艺路线，选择刀具、切削用量，完成加工工序卡的填写。

××× 数控实训中心	数控加工工艺卡片	产品代号	零件名称	零件图号

工艺序号	程序编号	夹具名称	夹具编号	使用设备	车间

工步号	工步内容（加工面）	刀具号	刀具规格	主轴转速（r/min）	进给量（mm/r）	背吃刀量（mm）
1						
2						
3						
4						
5						
6						
7						
8						
9						

编制		审核		批准		共 页 第 页

2. 本任务如何计算基点坐标？请写出计算过程。

实践操作

3. 请对教材所列参考程序进行优化。

零件号		零件名称		编制		日期	
程序号							
程序段号	程序内容			程序说明			

四、按要求完成本任务的加工，并记录零件加工情况。

四、任务测评

先对本次任务自己进行检测，再请同学互检，合格后由指导老师评价，经老师签字后，方可进行下一任务的实训。

项目与权重	序号	技术要求	配分	评分标准	检测记录	得分
纪律（10%）	1	准时到达实习场地	3	迟到全扣		
	2	学习工具齐全	3	不合格全扣		
	3	学习态度	4	不认真全扣		
工件加工（70%）	4	$\phi 50_{-0.03}^{0}$ mm	2×6	超 0.01 mm 扣 2 分		
	5	$\phi 35_{-0.046}^{0}$ mm	6	超 0.01 mm 扣 2 分		
	6	平行度 0.03 mm	6	超差全扣		
	7	ϕ21 mm，2.5 mm	2×2	超差全扣		
	8	10°	4	超差全扣		
	9	（95±0.05）mm	4	超 0.05 mm 扣 2 分		

续表

项目与权重	序号	技术要求	配分	评分标准	检测记录	得分
工件加工（70%）	10	*R*3 mm，*R*25mm	2×2	超差全扣		
	11	$45_{-0.05}^{\ 0}$ mm	6	超0.05 mm扣2分		
	12	$25_{-0.05}^{\ 0}$ mm	6	超 0.05 mm 扣 2 分		
	13	$15_{-0.05}^{\ 0}$ mm	4	超 0.05 mm 扣 2 分		
	14	*Ra*1.6 μm	8	每处 1 分		
	15	一般尺寸	4	每处 1 分		
	16	倒角等	2	超差全扣		
安全文明生产（20%）	17	安全用品使用	10	不合格全扣		
	18	工作场所整理	10	不合格全扣		

任务 2　综合实例二

一、工作任务

如图所示工件，零件材料为 45 钢，毛坯取 ϕ60 mm×102 mm 的棒料，试在 FANUC 0i Mate－TB 系统的 CAK6140 型数控车床上进行加工。

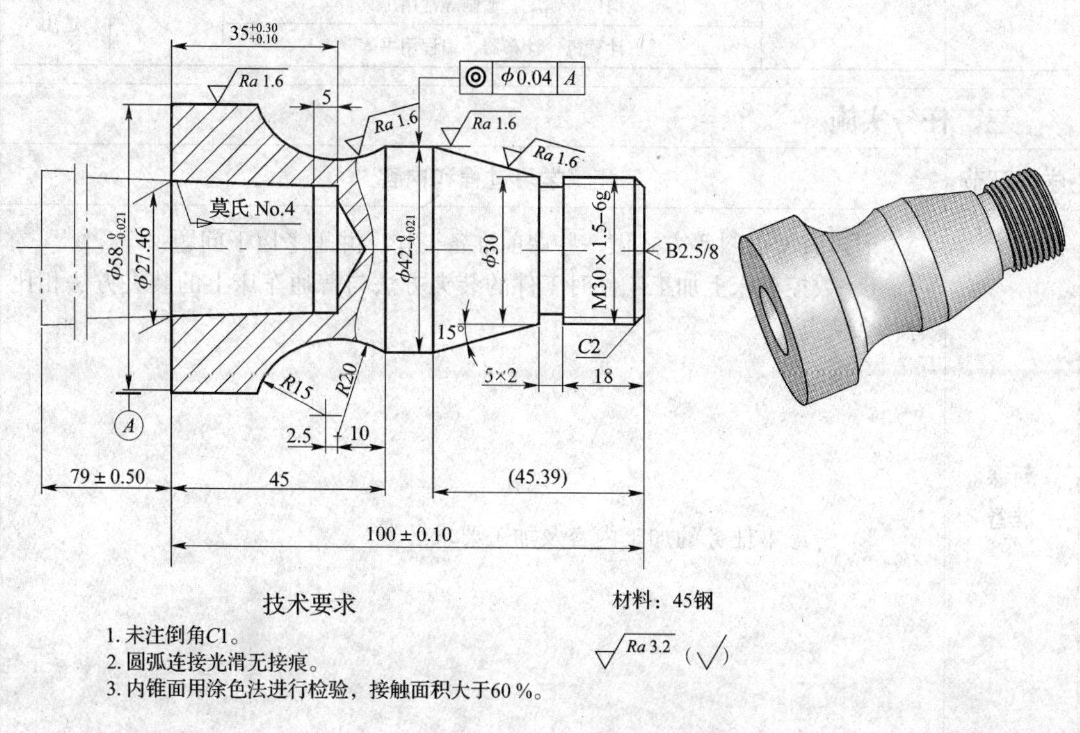

二、任务准备

工、量、刃具清单参见下表：

序号	名称	规　格	数量	备注
1	游标卡尺	0 ~ 150 mm，精度为 0.02 mm	1	
2	千分尺	0 ~ 25 mm，25 ~ 50 mm，50 ~ 75 mm，精度为 0.01 mm	各 1	
3	万能量角器	0° ~ 320°，精度为 2′	1	
4	螺纹环规	M30 × 1.5 − 6g	1	
5	百分表	0 ~ 10 mm，精度为 0.01 mm	1	
6	磁性表座		1	
7	半径样板	*R*7 ~ *R*14.5，*R*15 ~ *R*25		
8	塞规	4 号莫氏锥孔	1	
9	塞尺	0.02 ~ 1 mm	1 副	
10	外圆车刀	93°，45°	1	
11	不重磨外圆车刀	R 型、V 型、T 型、S 型刀片	各 1	选用
12	外切槽刀	刃宽 3 mm	1	
13	内孔车刀	95°盲孔	1	
14	麻花钻	中心钻，ϕ10 mm，ϕ20 mm	各 1	
15	辅具	莫氏钻套、钻夹头、活顶尖	各 1	
16	其他	铜棒、铜皮、毛刷等常用工具		选用
		计算机、计算器、编程用书等		

三、任务实施

学习环节	学习过程和内容
新课准备	通过查阅资料等方式做一些课前准备工作，并思考以下问题： 1. 数控车床上加工工件时工件的装夹方法与普通车床上的装夹方法相比有什么特点？ 2. 考虑本任务的加工内容及加工要求。

理论学习

完成本任务理论的学习，并根据掌握的情况回答以下问题：

1. 选择粗基准时一般应考虑哪些选择原则？完成下表的填写。

选择原则	说　明

2. 选择精基准时一般应考虑哪些选择原则？完成下表的填写。

选择原则	说　明

3. 数控车床加工中的切削用量如何选择？完成下表的填写。

工件材料	加工内容	背吃刀量 a_p（mm）	切削速度 v_c（m/min）	进给量 f（mm/r）	刀具材料
碳素钢 R_m >600 MPa	粗加工				
	粗加工				
	精加工				
	钻中心孔				
	钻孔				
	切断（宽度 <5 mm）				
铸铁 200HB 以下	粗加工				
	精加工				
	切断（宽度 <5 mm）				

实践操作

一、进入车间前应按要求穿戴好工作服等安全防护用品（女生必须戴工作帽，并将长发盘于帽中）。

二、认真听取老师讲解，仔细观察老师演示。

三、独立在数控车床上按图样加工本任务。

1. 制定加工工艺路线，选择刀具、切削用量，完成加工工序卡的填写。

实践操作	

××× 数控实训中心		数控加工工艺卡片		产品代号		零件名称		零件图号
工艺序号		程序编号	夹具名称		夹具编号	使用设备		车间

工步号	工步内容（加工面）	刀具号	刀具规格	主轴转速（r/min）	进给量（mm/r）	背吃刀量（mm）
1						
2						
3						
4						
5						
6						
7						
8						
9						
10						
11						
12						

编制		审核		批准		共 页 第 页

2. 本任务如何计算基点坐标？请写出计算过程。

3. 请对教材所列参考程序进行优化。

零件号		零件名称		编制		日期	
程序号							
程序段号	程序内容			程序说明			

实践操作	四、按要求完成本任务的加工，并记录零件加工情况。

四、任务测评

先对本次任务自己进行检测，再请同学互检，合格后由指导老师评价，经老师签字，方可进行下一任务的实训。

项目与权重	序号	技术要求	配分	评分标准	检测记录	得分
纪律（10%）	1	准时到达实习场地	3	迟到全扣		
	2	学习工具齐全	3	不合格全扣		
	3	学习态度	4	不认真全扣		
工件加工（70%）	4	$\phi58_{-0.021}^{0}$ mm	6	超 0.01 mm 扣 2 分		
	5	$\phi42_{-0.021}^{0}$ mm	6	超 0.01 mm 扣 2 分		
	6	同轴度 $\phi0.04$ mm	6	超差全扣		
	7	M30×1.5－6g	6	超差全扣		
	8	5 mm×2 mm	2×2	超差全扣		
	9	15°	4	超差全扣		
	10	（100±0.10）mm	4	超 0.05 mm 扣 2 分		
	11	*R*15 mm，*R*20 mm	2×2	超差全扣		
	12	4 号莫氏锥度	6	超差全扣		
	13	（79±0.50）mm	6	超 0.05 mm 扣 2 分		
	14	$35_{+0.10}^{+0.30}$ mm	4	超 0.05 mm 扣 2 分		
	15	*Ra*1.6 μm	8	每处 1 分		
	16	一般尺寸	4	每处 1 分		
	17	倒角等	2	超差全扣		
安全文明生产（20%）	18	安全用品使用	10	不合格全扣		
	19	工作场所整理	10	不合格全扣		

任务3　综合实例三

一、工作任务

如图所示工件，毛坯为 ϕ50 mm×82 mm 的棒料，材料为45 钢，试在 FANUC 0i 系统的 CKA6140 型数控车床上进行加工。

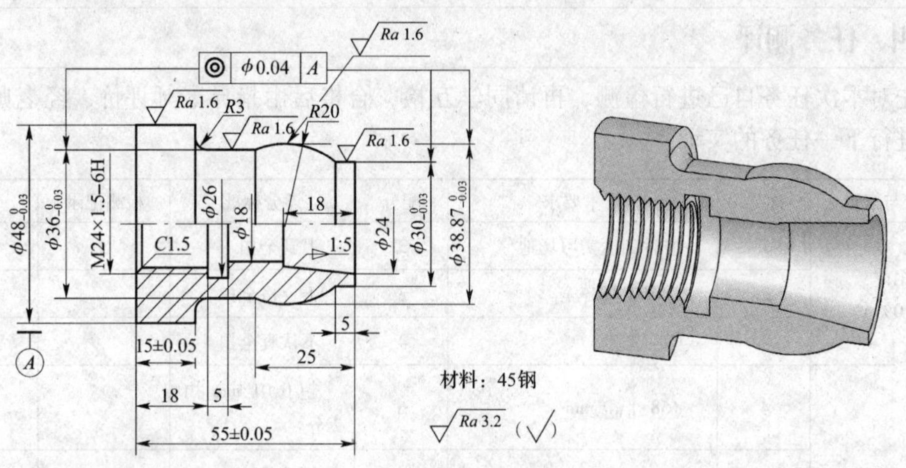

二、任务准备

工具、量具、刃具清单参见下表：

序号	名称	规　格	数量	备注
1	游标卡尺	0 ~ 150 mm，精度为 0.02 mm	1	
2	千分尺	25 ~ 50 mm，精度为 0.01 mm	1	
3	螺纹塞规	M24 × 1.5 − 6H	1	
4	百分表	0 ~ 10 mm，精度为 0.01	1	
5	磁性表座		1	
6	半径样板	R1 ~ R6.5，R15 ~ R25	各 1	
7	万能角度尺	0° ~ 320°，精度为 2′	1	
8	内径千分尺	5 ~ 30 mm，精度为 0.01 mm	1	
9	内径量表	18 ~ 35 mm，精度为 0.01 mm	1	
10	塞尺	0.02 ~ 1 mm	1	
11	外圆车刀	93°、45°	各 1	
12	不重磨外圆车刀	R 型、V 型、T 型、S 型刀片	各 1	选用
13	内孔车刀	95°，D_{min} = 16 mm	1	
14	内切槽刀	刃宽 3 mm	1	
15	内螺纹车刀	60°刀尖角	1	
16	钻头	中心钻、ϕ16 mm	各 1	
17	辅具	莫氏钻套、钻夹头、活顶尖	各 1	
18	其他	铜棒、铜皮、毛刷等常用工具		
		计算机、计算器、编程用书		

三、任务实施

<table>
<tr><th>学习环节</th><th>学习过程和内容</th></tr>
<tr><td>新课准备</td><td>通过查阅资料等方式做一些课前准备工作，并思考以下问题：
1. 数控车削加工工艺路线的拟定方法有哪些内容？

2. 数控车床上典型零件的加工方法和过程与普通车床加工相比有什么特点？</td></tr>
<tr><td>理论学习</td><td>完成本任务理论的学习，并根据掌握的情况回答以下问题：
1. 加工阶段如何划分？完成下表的填写。
<table><tr><th>加工阶段</th><th>说　明</th></tr><tr><td></td><td></td></tr><tr><td></td><td></td></tr><tr><td></td><td></td></tr><tr><td></td><td></td></tr></table>
2. 零件车削加工顺序如何安排？完成下表的填写。
<table><tr><th>原则</th><th>说　明</th></tr><tr><td></td><td></td></tr><tr><td></td><td></td></tr><tr><td></td><td></td></tr><tr><td></td><td></td></tr><tr><td></td><td></td></tr></table></td></tr>
<tr><td>实践操作</td><td>一、进入车间前应按要求穿戴好工作服等安全防护用品（女生必须戴工作帽，并将长发盘于帽中）。
二、认真听取老师讲解，仔细观察老师演示。
三、独立在数控车床上按图样加工本任务。
1. 制定加工工艺路线，选择刀具、切削用量，完成加工工序卡的填写。</td></tr>
</table>

××× 数控实训中心	数控加工工艺卡片		产品代号		零件名称	零件图号
工艺序号	程序编号		夹具名称	夹具编号	使用设备	车间
工步号	工步内容（加工面）	刀具号	刀具规格	主轴转速（r/min）	进给量（mm/r）	背吃刀量（mm）
1						
2						
3						
4						
5						
6						
7						
8						
9						
10						
编制		审核		批准		共　页　第　页

实践操作

2. 本任务如何计算基点坐标？请写出计算过程。

3. 请对教材所列参考程序进行优化。

零件号		零件名称		编制		日期	
程序号							
程序段号	程序内容			程序说明			

实践操作	四、按要求完成本任务的加工，并记录零件加工情况。

四、任务测评

先对本次任务自己进行检测，再请同学互检，合格后由指导老师评价，经老师签字，方可进行下一任务的实训。

项目与权重	序号	技术要求	配分	评分标准	检测记录	得分
纪律（10%）	1	准时到达实习场地	3	迟到全扣		
	2	学习工具齐全	3	不合格全扣		
	3	学习态度	4	不认真全扣		
工件加工（70%）	4	$\phi48_{-0.03}^{0}$ mm	5	超 0.01 mm 扣 2 分		
	5	$\phi36_{-0.03}^{0}$ mm	5	超 0.01 mm 扣 2 分		
	6	$\phi38.87_{-0.03}^{0}$ mm	5	超 0.01 mm 扣 2 分		
	7	$\phi30_{-0.03}^{0}$ mm	5	超 0.01 mm 扣 2 分		
	8	（55 ±0.05）mm	5	超 0.02 mm 扣 2 分		
	9	（15 ±0.05）mm	5	超 0.02 mm 扣 2 分		
	10	$R3$ mm，$R20$ mm	2×2	超差全扣		
	11	同轴度 $\phi0.04$ mm	3×3	每处 3 分		
	12	锥度 1:5	4	超差全扣		
	13	M24×1.5－6H	5	超差全扣		
	14	5 mm	4	超差全扣		
	15	$Ra1.6$ μm	8	每处扣 1 分		
	16	一般尺寸	4	每处扣 1 分		
	17	$C1.5$ mm	2	没有全扣		
安全文明生产（20%）	18	安全用品使用	10	不合格全扣		
	19	工作场所整理	10	不合格全扣		

项目九

数控车床的结构与维护

任务1 数控车床的主传动系统与主轴部件的维护

一、工作任务

本任务通过参观数控机床厂或数控维修车间，了解数控车床主传动系统、主轴部件的基本结构（如下图所示），现场对主轴部件进行维护保养操作，了解主轴部件结构特点，同时，掌握主轴部件的日常维护保养。

主轴的装配

二、任务准备

一字旋具、十字旋具、内六角扳手、润滑油、加油壶、棉布、气枪等。

三、任务实施

学习环节	学习过程和内容
新课准备	通过查阅资料等方式做一些课前准备工作，并思考以下问题： 1. 数控车床的主轴系统主要由哪些零部件组成？各起什么作用？

<table>
<tr><td>新课
准备</td><td>2．系统的性能对零件的加工有何影响？

3．数控车床的主传动系统在平时使用过程中如何进行维护保养才能保证加工精度？</td></tr>
<tr><td>理论
学习</td><td>一、掌握以下理论知识：
1．了解主传动系统在数控车床中的地位，起什么样的作用，对零件的加工有何影响。
2．熟悉主传动系统的组成，知道每个组成零部件的名称，以及每个零部件在主传动系统中起什么样的作用。
3．掌握主传动系统中各零部件在日常使用过程中的维护保养，如何延长其使用寿命，以及如何使用才能保证机床的加工精度。
二、根据所学内容，完成以下问题：
1．在平时的实习中我们用的数控车床的主轴采用哪种变速方式？有何特点？

2．写出下面图中零件的名称，并简述有何作用。
<table>
<tr><th>图示</th><th>名称</th><th>作用</th></tr>
<tr><td> </td><td></td><td></td></tr>
<tr><td> </td><td></td><td></td></tr>
</table>
</td></tr>
</table>

理论学习

图示	名称	作用

实践操作

操作

在实习场地完成以下操作，并记下操作要点，填在下面的表格内。

1. 参观数控车间或数控机床厂，了解数控车床的主轴系统各组成部件的名称和作用。

在老师的带领下参观数控车间，针对一台数控车床仔细观察，在停机的状态下，由老师指导拆开主轴箱的外盖，了解各部件的名称、形状特点和作用，边观看边做好记录，记录下各部件的名称和作用及工作原理。

2. 对主轴系统进行维护保养。

在老师的指导下，找到主轴润滑系统的安装位置，并添加适当的润滑油，掌握如何添加润滑油。做好记录，在今后的使用过程中应知道怎么进行维护及维护的操作方法。

序号	要点	内容
1	各组成零件的名称及作用	
2	主轴系统各部件维护保养的重要性	
3	主轴系统的维护保养操作过程	

四、任务测评

先对本次任务自己进行检测，再请同学互检，合格后由指导老师评价，经老师签字，方可进行下一任务的实训。

序号	技术要求	配分	评分标准	检测记录	得分
1	写出主轴系统各组成零部件的名称及作用	40	零件名称、作用表达正确		
2	写出主轴系统的维护保养过程	20	内容正确、明了		
3	主轴系统的维护保养操作	30	保养全面、操作规范		
4	安全、文明、卫生	10	视违规情节扣分		

任务 2　数控车床的进给传动系统与传动元件的维护

一、工作任务

本任务通过参观加工现场，熟悉下图所示进给传动系统各部件名称及其功能，并掌握对传动元件的维护保养操作。

二、任务准备

一字旋具、十字旋具、内六角扳手、润滑油、加油壶、棉布、气枪等。

三、任务实施

学习环节	学习过程和内容
新课准备	通过查阅资料等方式做一些课前准备工作，并思考以下问题： 1．在水平床身的数控车床上加工零件时，刀具安装在刀架上是靠什么部件传动从而产生进给运动的?

<table>
<tr><td>新课准备</td><td>2. 数控车床进给传动系统通常由哪些零部件组成？各起什么作用？

3. 机床使用时间长了，会发现零件加工时的定位精度跟理论定位精度存在一定的误差，这通常是由于什么原因产生的？应该如何解决该问题？

4. 如何对传动部件进行维护保养？</td></tr>
<tr><td>理论学习</td><td>一、掌握以下理论知识：
1. 首先了解进给传动系统在数控车床中的地位和作用。
2. 熟悉进给传动系统的组成，知道每个组成零部件的名称，以及每个零部件在进给传动系统中所起的作用。
3. 掌握进给传动系统中各零部件在日常使用过程中的维护保养，如何延长其使用寿命，以及如何使用才能保证机床的加工精度。
二、根据所学内容，完成以下问题：
1. 刀架是靠什么部件支撑和传动的？</td></tr>
</table>

理论学习

2. 写出下图中零件的名称，并简述有何作用。

图示	名称	作用

实践操作

操作

在实习场地完成以下操作，并记下操作要点，填写在下面的表格内。

1. 参观数控车间或数控机床厂，了解数控车床进给系统各组成部件的名称和作用。

参观数控车间时，在老师的带领下，针对一台水平床身的数控车床进行仔细观察，在停机的状态下，打开防护门和相关的防护罩，找到滚珠丝杠、导轨、轴承、电动机等零部件，边看边做好记录，记录下各部件的特点、作用及工作原理。

实践操作	2. 对进给传动系统进行维护保养。 在老师的指导下，找到导轨、滚珠丝杠的润滑系统的安装位置，并添加适当的润滑油，掌握如何添加润滑油。做好记录，在今后的使用过程中应知道怎么进行维护及维护的操作方法。

序号	要点	内容
1	各组成零件的名称及作用	
2	进给传动系统各部件保养操作过程	

四、任务测评

先对本次任务自己进行检测，再请同学互检，合格后由指导老师评价，经老师签字，方可进行下一任务的实训。

序号	技术要求	配分	评分标准	检测记录	得分
1	写出进给传动系统各组成零部件的名称及作用	40	零件名称、作用表达正确		
2	写出进给传动系统的维护保养过程	20	内容正确、明了		
3	进给传动系统的维护保养操作	30	保养全面、操作规范		
4	安全、文明、卫生	10	视违规情节扣分		

任务3　刀架的结构与维护

一、工作任务

本任务通过参观数控车间或数控机床厂，了解数控车床刀架的种类，及各种刀库的换刀动作，并熟悉换刀机构各部件的名称与功能，掌握刀库的基本维护。

二、任务准备

六角扳手、铜棒、锤子、大小旋具、M6 螺钉、增力钢管、钳子、钢盆、毛刷等。

三、任务实施

学习环节	学习过程和内容
新课准备	通过查阅资料等方式做一些课前准备工作，并思考以下问题： 1. 在数控车床加工过程中，刀架起什么作用？ 2. 常见的数控车床刀架主要有哪几种？ 3. 各种刀架是如何工作的？ 4. 四工位自动刀架主要由哪些零部件组成？ 5. 如何对四工位刀架进行拆装与维护？
理论学习	一、掌握以下理论知识： 1. 观看各种刀架换刀过程的相关视频，了解换刀原理。 2. 参观数控车间或数控机床厂，观看各种刀架的形状，了解其结构特点。 3. 在老师的带领下，拆装四工位自动刀架。 4. 掌握如何对换刀机构进行维护保养。 二、根据所学内容，完成以下问题。

理论学习

1. 常用的刀架有哪两种，各有什么特点？

2. 写出下图中刀架的名称，并简述其特点。

图示	名称	特点
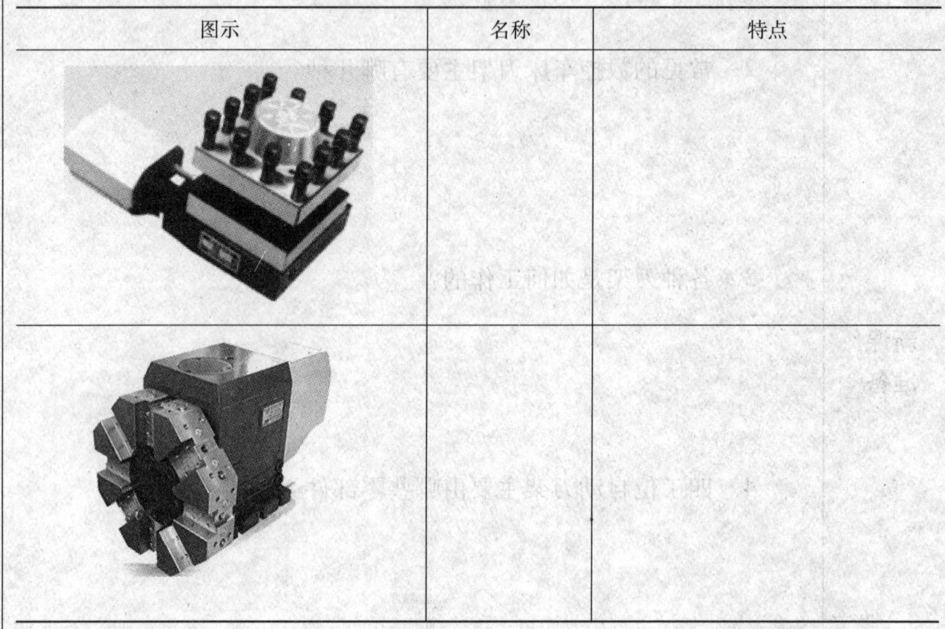		

实践操作

操作

在实习场地完成以下操作，并记下操作要点，填写在下面的表格内。

1. 启动机床，转动换刀机构，观察刀架的换刀动作并做好记录。

2. 在老师的指导下，拆卸四工位刀架，并记录各零部件的名称和作用，以及拆卸过程。

3. 对刀架重要零件清洗、润滑。

4. 安装刀架，并运行，看是否安装正确。

序号	要点	内容
1	换刀过程	
2	各组成零件的名称及作用	
3	刀架的拆装过程	

四、任务测评

先对本次任务自己进行检测，再请同学互检，合格后由指导老师评价。

序号	技术要求	配分	评分标准	检测记录	得分
1	写出换刀系统各组成零部件的名称及作用	40	零件名称、作用表达正确		
2	写出换刀系统的维护保养过程	20	内容正确、明了		
3	换刀机构的维护保养操作	30	保养全面、操作规范		
4	安全、文明、卫生	10	视违规情节扣分		

沿虚线剪下

课 后 习 题

项目一

数控车床操作基础

任务 1 认识数控车床

班级________ 姓名________ 学号________ 成绩________

一、填空题

1. 数控车床是指________对加工过程进行控制的车床，它集________车床、________车床和________车床的特点于一身，是国内使用量最大、覆盖面最广的一种数控机床。

2. 数控车床与普通车床最显著的区别是：____。

3. 数控车床主要由________、________、________、________、________五大部分组成。

4. 零件加工程序包括________、________和________等信息。

5. 与传统的车床相比，数控车床的________、________、________等方面都具有许多优点，其目的是满足数控技术的要求和充分发挥数控车床的效能。

6. 卧式数控车床又分为________数控车床和________数控车床。

7. 按车床进给伺服系统的控制方式不同，可分为________、________、________。

二、名词解释

1. 数字控制

2. 数控机床

3. 数控车床

4. 数控系统

三、问答题

1. 试述数控车床实现数字控制的工作过程。

2. 数控车床与普通车床在功能上有什么不同？

3. 数控车床为什么能够加工出形状和尺寸精度要求较高的零件？

4. 数控车床比普通车床生产效率高的原因是什么？

5. 最适合数控车床加工的零件有哪些？

6. 数控车床是如何进行分类的？

沿虚线剪下

任务 2　认识数控车床的操作面板

班级__________　姓名__________　学号__________　成绩__________

一、填空题

1. 数控车床操作面板是________与________进行信息交流的工具。
2. 数控车床操作面板由两大部分组成：________面板和________面板。
3. 数控系统操作面板一般分为三大区域：________、________和________。
4. 开机顺序：________→________→________→________。

二、问答题

1. CRT 屏幕的作用是什么？

2. MDI 键盘的作用是什么？

3. 数控系统 MDI 各功能键的含义是什么？

OFFSET SETTING

EOB

SHIFT

CAN

INPUT

DELETE

HELP

RESET

INSERT

ALTER

PAGE

CUSTOM GRAPH

MESSAGE

SYSTEM

POS

PROG

4. 下图中数控车床机床控制面板各功能键的含义与用途是什么？

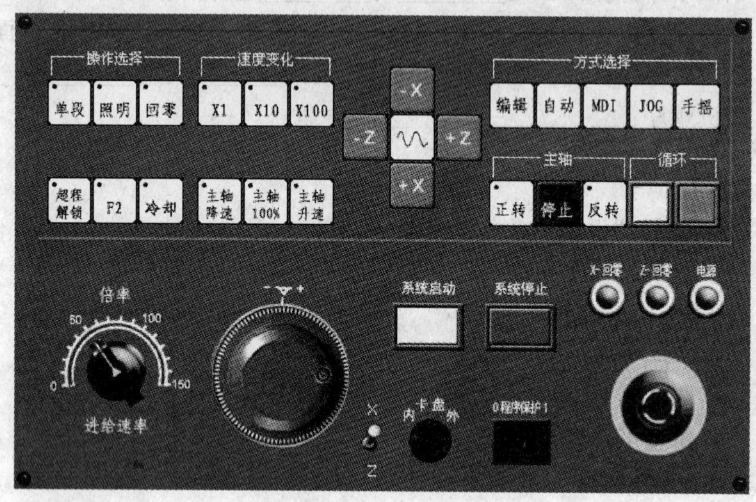

5. 开/关机床、回参考点（回零）、手动进给、手摇（增量）操作和 MDI 方式操作的操作要点是什么？

沿虚线剪下

任务3　数控车床的手动操作

班级＿＿＿＿＿　姓名＿＿＿＿＿　学号＿＿＿＿＿　成绩＿＿＿＿＿

一、填空题

1. 右手直角笛卡儿坐标系中，大拇指的方向为＿＿＿＿＿的正方向，食指为＿＿＿＿＿的正方向，中指为＿＿＿＿＿的正方向。

2. 数控车床的主轴轴线方向作为＿＿＿轴，其正方向为刀具＿＿＿＿工件的方向。

3. 数控编程的实质就是描述刀具的＿＿＿＿在编程坐标系中运动的＿＿＿＿。

二、名词解释

1. 机床坐标系

2. 右手直角笛卡儿坐标系

3. *Z* 坐标

4. *X* 坐标

5. 机床原点

6. 机械原点

7. 机械零点

8. 刀位点

9．手动对刀

三、问答题

1．数控车床的坐标系及其方向是如何规定的？

2．数控车床的坐标轴是怎样规定的？试分析数控车床坐标系中 Y 坐标轴的位置及方向？

3．前置刀架卧式数控车床与后置刀架卧式数控车床，其坐标轴方向有什么不同？

4．数控车床坐标系中有哪些特殊原点？试绘图说明这些原点的位置。

5．数控车床设置机械原点的目的是什么？

6．请在教材中任选一例，用手摇（HANDLE）或手动（JOG）切削方式加工，记录对刀操作步骤和手动切削加工工件的操作步骤。

沿虚线剪下

任务4　数控程序的输入与编辑

班级＿＿＿＿＿＿　姓名＿＿＿＿＿＿　学号＿＿＿＿＿＿　成绩＿＿＿＿＿＿

一、填空题

1. 一般来讲，数控车床加工程序的编制包括＿＿＿＿、＿＿＿＿、＿＿＿＿、＿＿＿＿＿＿、＿＿＿＿和＿＿＿＿等几个方面的工作。

2. 数控车床编程一般分为＿＿＿＿和＿＿＿＿两种。

3. 按编程坐标值类型可分为＿＿＿＿、＿＿＿＿和＿＿＿＿三种编程方式。

4. 每一个程序都是由＿＿＿＿、＿＿＿＿和＿＿＿＿三部分组成。

5. 数控车床常用的功能指令有＿＿＿＿和＿＿＿＿，另外还有＿＿＿＿、＿＿＿＿和＿＿＿＿等。

二、名词解释

1. 程序编制

2. 编程坐标系

3. 编程原点

4. 绝对坐标编程

5. 相对（增量）坐标编程

6. 混合坐标编程

7. 准备功能 G 功能

8. 辅助功能 M 功能

9. 刀具功能 T 功能

10. 主轴功能 S 功能

11. 进给功能 F 功能

三、问答题

1. 数控编程一般分为哪几种方法？试比较其优缺点。

2. 确定工件编程原点的原则是什么？

3. 程序各组成部分有什么规定？

4. 程序段内容字有哪些规定？

5. 刀具功能有什么规定？

6. 数控车床程序输入与编辑的操作步骤是什么？

沿虚线剪下

项目二

数控车削仿真加工

任务1　VNUC 数控仿真软件的使用

班级________　姓名________　学号________　成绩________

一、填空题

1. VNUC 数控车床仿真软件主菜单有________、________、________、________、________、________和________等内容，可以根据需要选择其中的某一个菜单条。

2. VNUC 数控车床仿真软件机床显示工具条有________、________、________和________等内容，主要用于调整数控机床的显示方式。

3. VNUC 数控车床仿真软件数控机床显示区可以显示在模拟数控机床上________、________、________、________等方面的操作过程。

二、问答题

1. VNUC 数控仿真软件有哪些主要功能？

2. VNUC 数控车床仿真软件数控操作界面由哪几部分组成？

3. 如何启动 VNUC 数控车床仿真软件？

4. 如何关闭单机版和网络版客户端软件？

5. VNUC 数控车床仿真软件建立项目有什么作用？

6. 新建项目菜单命令与其他菜单命令有什么不同？

7. 如何保存项目？

8. 如何打开项目？

9. 管理代码文件如何操作？

10. 管理零件如何操作？

沿虚线剪下

任务2　仿真加工实例

班级__________　姓名__________　学号__________　成绩__________

一、填空题

1. 要选择机床，应单击菜单栏________下的________，然后在弹出的设置窗口中单击________下拉菜单，从下拉菜单中选中________项。

2. 单击菜单栏“选项”下的“参数设置”，会弹出参数设置窗口，在这里可设置________、________或________。

3. 设置程序运行倍率可以加快________，在加工一些________、________零件时，可以大大节省________。数控车床的倍率值最多可设成________，即将加工速度提高________倍。

4. 无论当前机床图像________或________了多少、________如何调整，只要使用“显示复位”选项，都可使机床的________、________恢复到刚进入系统时的样子。

二、问答题

1. 系统参数设置怎样操作？

2. 面板的隐藏和显示怎样操作？

3. 机床操作的方法有哪些？如何操作？

4. 机床显示复位如何操作？

5. 零件的特殊显示有哪些内容？如何操作？

6. 工具菜单栏中的“测量”有什么作用？如何操作？

7. 数控车床刀具库管理有哪些内容？如何操作？

8. 数控车床毛坯管理有哪些内容？如何操作？

9. 数控仿真加工有哪些步骤？

10. 请在教材中任选一例，在计算机上进行数控仿真加工，并记录操作过程。

沿虚线剪下

项目三

数控车削编程加工入门

任务1　台阶轴编程加工

班级__________　姓名__________　学号__________　成绩__________

一、填空题

1. 在数控加工中，__________________相对于________运动的轨迹称为加工路线。确定加工路线的重点主要在于________及________的路线。

2. 数控车削加工中，起刀点一般作为切削加工程序运行的起点。考虑到进刀（刀具引入）的安全性，并尽可能减少切削进给时的空行程，起刀点一般选择在径向___________工件毛坯直径，在轴向距___________1~2 mm的位置上。

3. 换刀点是指___________的位置。在数控车床上，换刀点不固定，但初学时可将换刀点固定在一安全位置上，如在工件坐标系中按（100.0，100.0）取值，也可选择___________作为换刀点。

4. 台阶轴常用粗车加工路线有___________和___________两种。

5. 构成零件轮廓的不同几何要素的________或________称为基点。它可以直接作为刀位点运动轨迹的________和________。

6. 基点计算的内容是根据直接填写加工程序时的要求，确定每条运动轨迹（线段）的___________在选定坐标系中的________和圆弧运动轨迹的圆心坐标值等。

7. 进给功能是用来指定____功能，分为___________和___________两种。在FANUC－0i系统中通过准备功能字________和________来指定。

二、判断题

1. M02与M30功能完全一样，都是程序结束。（　）
2. G00指令与进给速度指定F无关。（　）
3. 程序段N003 G01 X28 Z－8中由于没有F指令，因此是错误的。（　）
4. G01 X5与G01 U5等效。（　）
5. G00指令是不能用于进给加工的。（　）

三、编程题

试采用 G00 和 G01 指令编写图示台阶轴精加工程序。

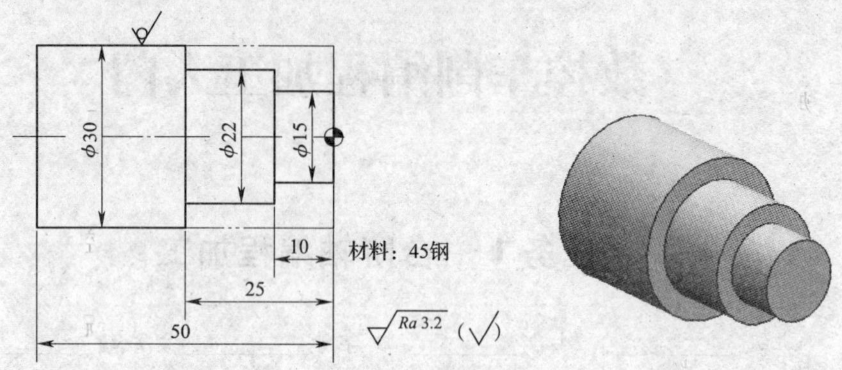

1. 在下图中标出沿轮廓精车的加工路线，并确定各基点坐标。

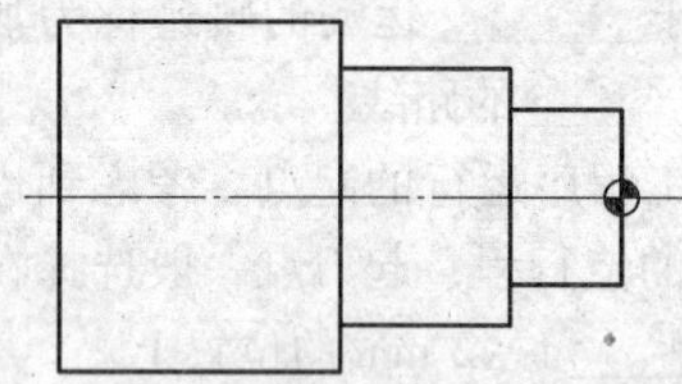

2. 在下表中编写精加工程序，并作说明。

程序段号	加工程序	程序说明

沿虚线剪下

任务2　圆锥轮廓零件编程加工

班级__________　姓名__________　学号__________　成绩__________

一、填空题

1. 数控车床上由于刀架进给具有________功能，可以联动控制________和________坐标轴加工曲线轮廓零件，圆锥面加工变得简单易行。

2. 在车床上车外圆锥时可以分为________和________两种情况，而每一种情况又有两种加工路线，如下图所示。

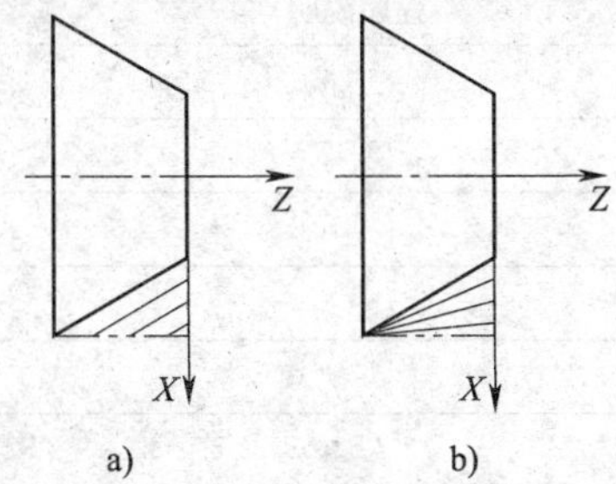

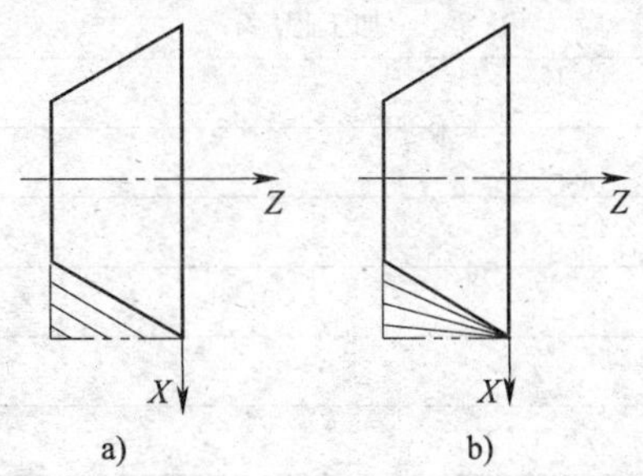

当按照图 a 所示加工路线时，刀具每次切削的背吃刀量________，但编程时需计算刀具的起点和终点坐标。

当按照图 b 所示加工路线时，无需计算________，但每次切削过程中，背吃刀量是________，从而会引起工件表面粗糙度不一致。

3. 数控加工中，圆锥两端的基点坐标由________、________和________决定，所以数值计算的重点主要是根据图样中标注的锥度计算上述几个参数。与普车加工不同，数控加工中圆锥半角的计算是为满足____________的需要。

二、编程题

试采用 G00 和 G01 指令编写图示工件右端轮廓的精加工程序。

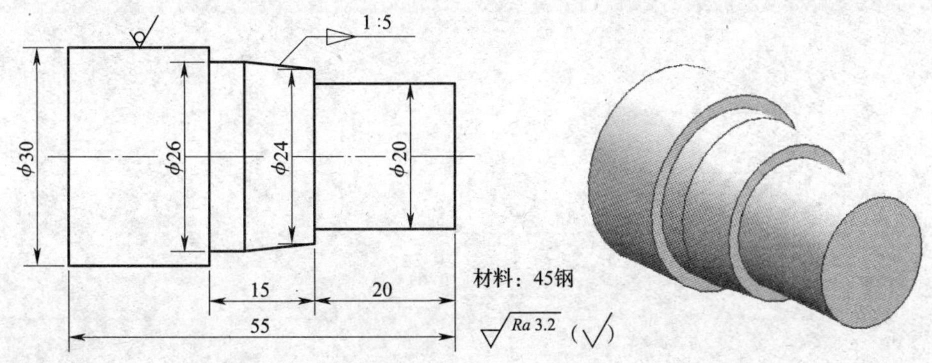

1. 在下图中标出沿轮廓精车的加工路线，并确定各基点坐标。

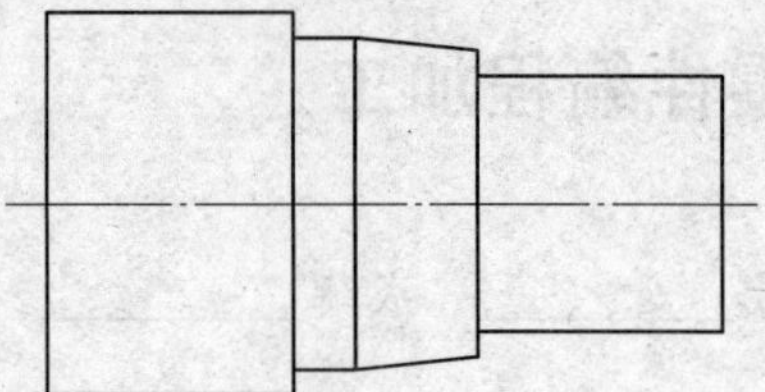

2. 在下表中编写精加工程序，并作说明。

程序段号	加工程序	程序说明

沿虚线剪下

任务3　圆弧轮廓零件编程加工

班级＿＿＿＿＿　姓名＿＿＿＿＿　学号＿＿＿＿＿　成绩＿＿＿＿＿

一、填空题

1. 数控加工中，凸弧的车削方法主要有＿＿＿＿、＿＿＿＿＿＿和＿＿＿＿＿＿＿三种。对于半径不大，即加工余量较小的凸弧，可采用＿＿＿＿进行＿＿＿＿刀的粗加工，此时应注意起、终点的确定，以防过切，加工余量可按＿＿＿＿取值。而对于加工余量较大的凸弧，则多采用复合循环指令编程加工。

2. 凹弧的车削方法主要有＿＿＿＿＿＿＿、＿＿＿＿＿＿、＿＿＿＿＿＿＿和＿＿＿＿四种。采用＿＿＿＿＿＿加工编程时坐标计算较为简便，对于较浅的凹弧可使用该方法用圆弧插补指令进行 1 ~2 刀的粗加工。对于深凹圆弧的加工，采用＿＿＿＿先去除大部分加工余量，再进行圆弧精加工。

3. 圆弧插补指令 G02/G03 的指令格式中，G02 表示＿＿＿＿＿插补，G03 表示＿＿＿＿＿＿插补。X＿Z＿为圆弧的＿＿＿＿＿，其值可以是＿＿＿＿＿，也可以是增量坐标。在增量方式下，其值为圆弧终点坐标相对于圆弧起点的增量值。R 为＿＿＿＿＿，有正值与负值之分，当圆弧圆心角小于或等于 180°时，程序中的 R 用＿＿＿＿表示，当圆弧圆心角大于 180°并小于 360°时，R 用＿＿＿＿＿表示。I＿K＿为圆弧的＿＿＿＿＿相对其＿＿＿＿＿分别在 X 和 Z 坐标轴上的增量值。

二、编程题

试采用直线及圆弧插补指令编写图示工件右端轮廓的精加工程序。

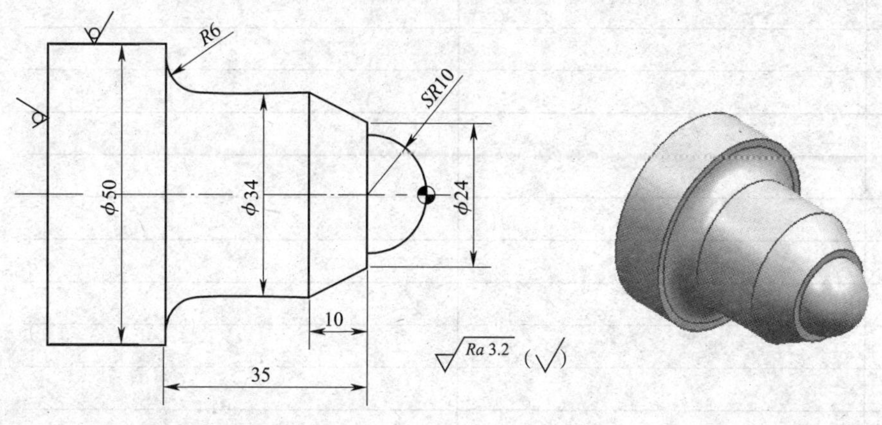

1．在下图中标出沿轮廓精车的加工路线，并确定各基点坐标。

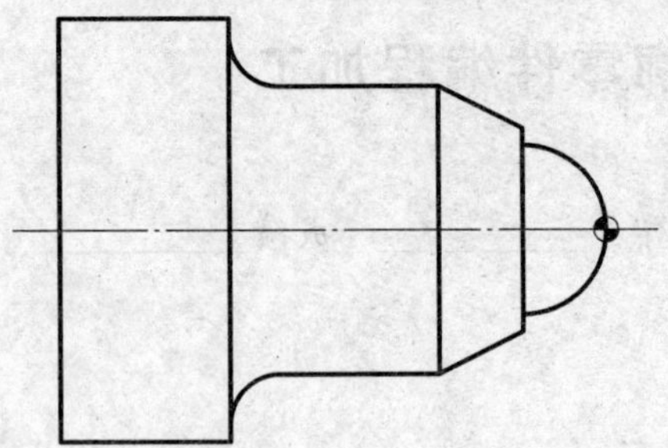

2．在下表中编写精加工程序，并作程序说明。

程序段号	加工程序	程序说明

沿虚线剪下

任务4　刀尖圆弧半径补偿编程

班级__________　姓名__________　学号__________　成绩__________

一、填空题

1．在横线上写出刀尖圆弧半径补偿指令的格式：

_____ G01/G00 X ___ Y ___ F _____；（刀尖圆弧半径左补偿）

_____ G01/G00 X ___ Y ___ F _____；（刀尖圆弧半径右补偿）

_____ G01/G00 X ___ Y ___ F _____；（取消刀尖圆弧半径补偿）

2．刀尖圆弧半径补偿偏置方向按如下方法判别：由____轴正方向向_____方向观察，沿___的移动方向看，当刀具处在加工轮廓左侧时，称为________________，用G41表示；当刀具处在加工轮廓右侧时，称为刀尖圆弧半径右补偿，用_____表示。

3．刀尖圆弧半径补偿的过程分为______________、______________和刀补的取消三步。

4．比较以下两种情况下切入时刀位点的位置，判断并填空。

A　切入点　O　Z　X　　　　A　切入点　O　Z　X

________（带、不带）半径补偿切入　　________半径补偿切入

5．在数控加工中实现刀尖圆弧半径补偿的方法是确定补偿方向和补偿值，补偿方向由__________________决定，补偿值根据________________确定，并将相应值输入FANUC系统刀具补偿参数设定界面中。

二、编程题

试采用刀尖圆弧半径补偿功能编写图示工件右端轮廓的精加工程序。

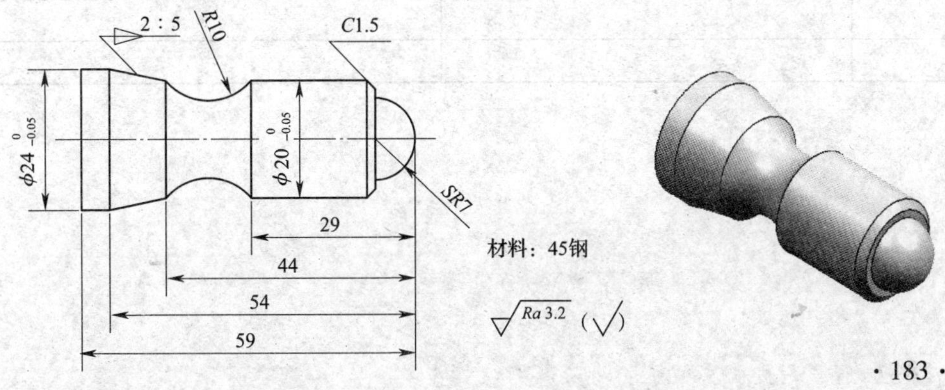

1．在下图中标出沿轮廓精车的加工路线，并确定各基点坐标。

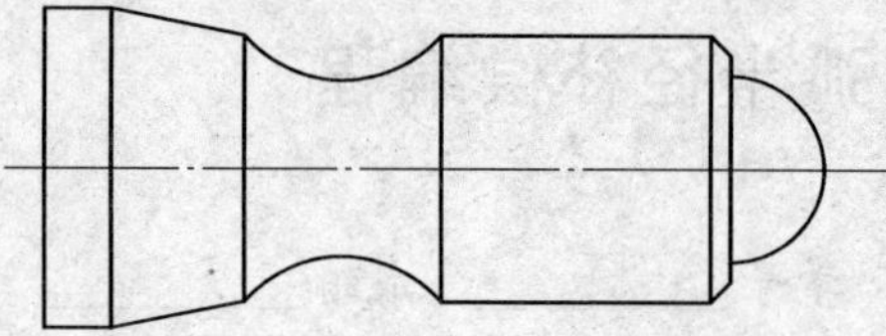

2．在下表中编写精加工程序，并作说明。

程序段号	加工程序	程序说明

沿虚线剪下

项目四

内、外轮廓加工

任务1 单一固定循环 G90 车削外圆

班级__________ 姓名__________ 学号__________ 成绩__________

一、判断题

1. 简单轴类零件加工余量较多时，采用固定循环功能可简化编程。 ( )

2. G90 指令在 FANUC 0i－T 系统中表示绝对方式编程。 ( )

3. G90 指令将四段插补指令组合成一条循环指令进行编程，以达到简化编程的目的。 ( )

4. 固定循环编程中循环起点位置的选择很关键，既要考虑进刀的安全性，又要考虑加工效率。 ( )

5. G90 指令为模态指令。 ( )

6. 加工圆锥面的指令“G90 X __ Z __ R __ F __”中，R 不可以为负数。 ( )

二、问答题

1. 试写出 G90 车圆柱及圆锥的指令格式，简要说明格式中各参数的含义。

2. 如何确定圆锥切削循环 G90 指令的循环起点及 R 值?

三、编程题

采用 G90 指令编写图示工件的数控车加工程序，毛坯为 ϕ50 mm × 50 mm 的圆钢。

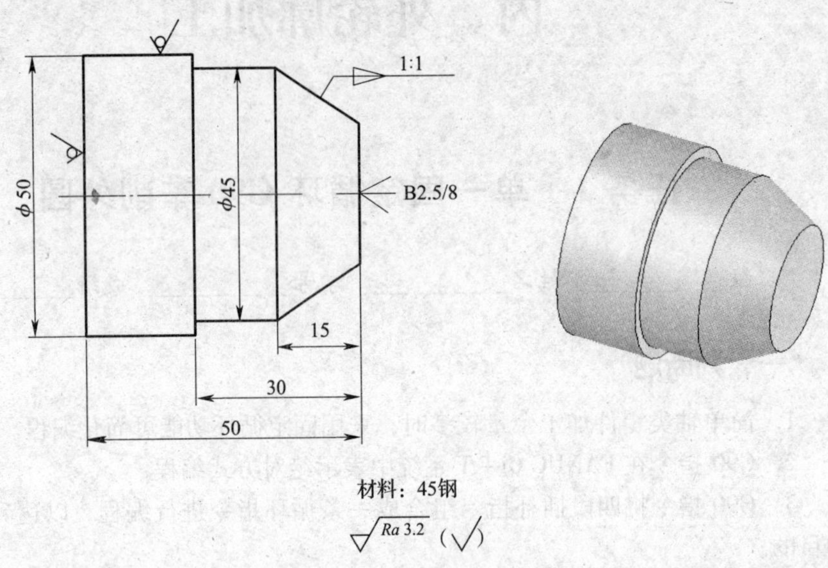

沿虚线剪下

任务2　单一固定循环 G94 车削端面

班级__________　姓名__________　学号__________　成绩__________

一、问答题

1．试写出 G94 指令车削平端面、锥端面的指令格式，简要说明格式中各参数的含义。

2．平端面切削循环起点如何确定？

二、编程题

1．采用 G94 指令编写图示工件的数控车加工程序，毛坯为 $\phi80$ mm × 50 mm 的圆钢。

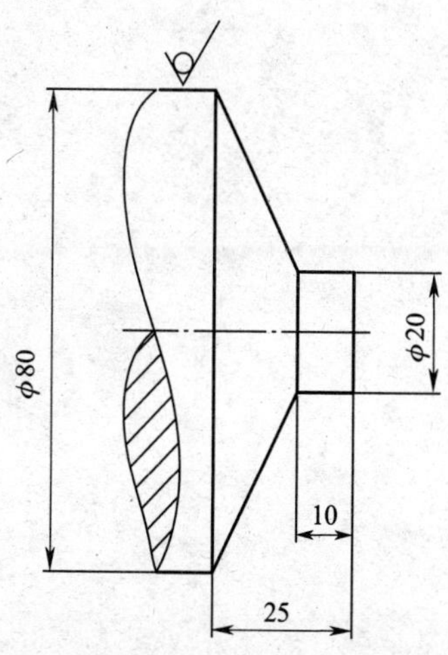

2．采用合适指令编写图示工件右端轮廓的数控车加工程序，毛坯为ϕ100 mm × 48 mm 的圆钢。

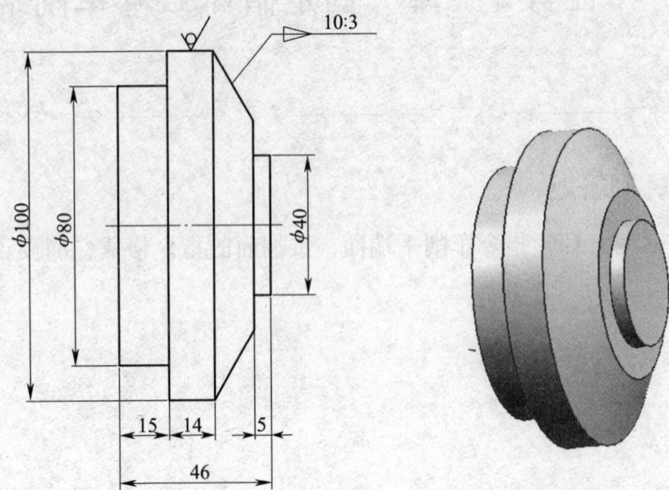

沿虚线剪下

任务3　复合固定循环 G71 车削外轮廓

班级__________　姓名__________　学号__________　成绩__________

一、判断题

1. FANUC 0i 系统中的 G71 指令中的“*ns*”～“*nf*”程序段编写了非单调变化的轮廓，则在 G71 执行过程中会产生程序报警。（　　）

2. G71 指令和程序段段号“*ns*”～“*nf*”中同时指定了 F 和 S 值时，则粗加工循环切削过程中，程序段段号“*ns*”～“*nf*”中指定的 F 和 S 值有效。（　　）

3. G71 循环加工的轮廓形状，没有单调递增或单调递减形式的限制。（　　）

4. 指令“G71 U$\underline{\Delta d}$ R$\underline{e}$；G71 P$\underline{ns}$ Q$\underline{nf}$ U$\underline{\Delta u}$ W$\underline{\Delta w}$ F __ S __ T __；”中的 Δd 表示 *X* 向每次进刀量，直径量。（　　）

5. 指令“G71 U$\underline{\Delta d}$ R$\underline{e}$；G71 P$\underline{ns}$ Q$\underline{nf}$ U$\underline{\Delta u}$ W$\underline{\Delta w}$ F __ S __ T __；”中的 Δu 表示 *X* 向精加工余量，直径量。（　　）

二、问答题

1. 试写出内、外圆粗车复合循环 G71 的指令格式，并说明指令中各参数的含义。

2. 粗车循环 G71 指令的循环起点应如何确定？

3. 如何进行轴类零件外轮廓检查？导致数控车削尺寸精度降低的原因有哪些？

三、编程题

试采用 G71 和 G70 指令编写图示零件的数控车加工程序，毛坯为 ϕ50 mm 的长棒料。

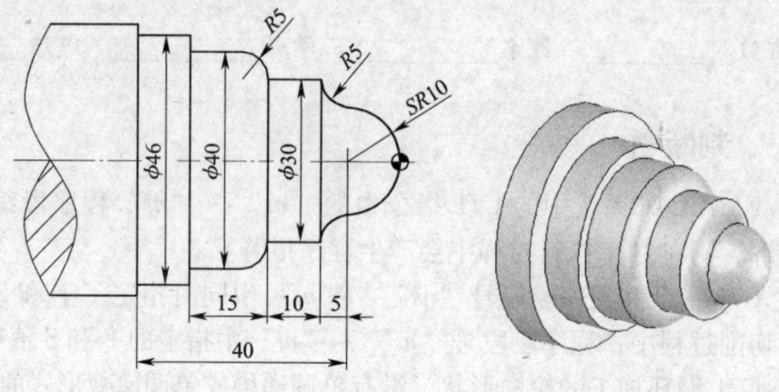

沿虚线剪下

任务4　复合固定循环G71车削内轮廓

班级__________　姓名__________　学号__________　成绩__________

一、判断题

1. 测量孔比测量外圆困难。（　）
2. 加工孔时排屑和冷却困难。（　）
3. 装夹内孔车刀时，刀尖要对准或稍低于工件中心。（　）
4. 车孔精度一般可达IT7～IT8级，表面粗糙度可达$Ra1.6$～3.2 μm。（　）
5. 方柄内孔车刀，俗称“抗振镗刀”，为确保刀具的抗振效果，抗振镗刀镗孔深度有限，一般为3*d*。（　）

二、问答题

1. 内孔加工中，G71指令的循环起点应如何确定？

2. 内孔车削的关键技术是什么？如何解决？

三、编程题

1. 试采用G71、G70指令编写图示零件内轮廓的数控车加工程序。

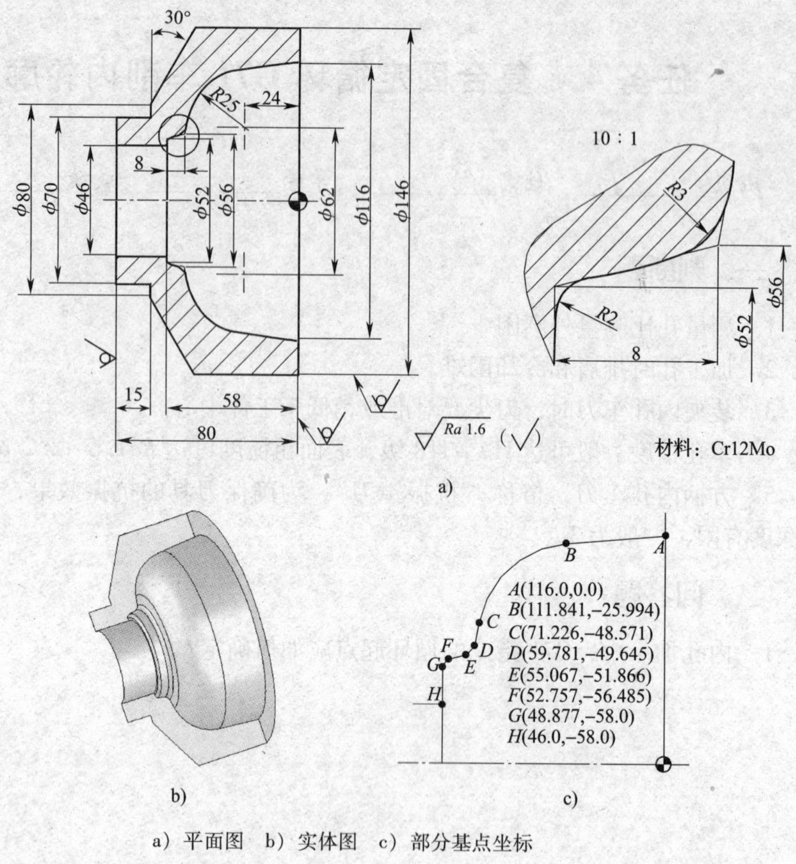

a）平面图 b）实体图 c）部分基点坐标

2．如图所示套类零件，试采用 G71、G70 编写零件内轮廓的数控车加工程序。

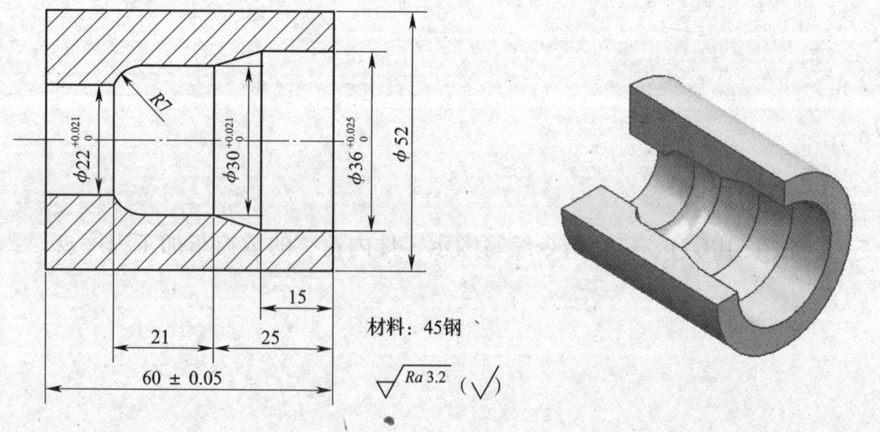

沿虚线剪下

任务5　复合固定循环 G72 车削端面

班级__________　姓名__________　学号__________　成绩__________

一、问答题

1. 试写出端面粗车复合循环 G72 的指令格式，并说明指令中各参数的含义。

2. 端面粗车循环 G72 指令的循环起点应如何确定？

二、编程题

1. 试采用 G72 和 G70 指令编写如图所示内轮廓的数控车加工程序。

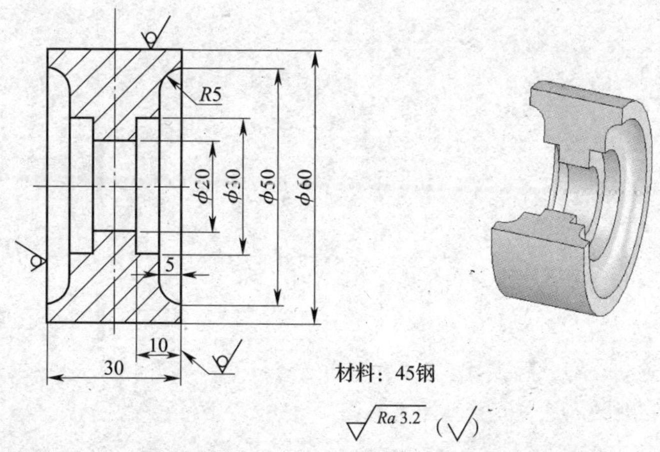

2. 试采用 G72 和 G70 指令编写如图所示外轮廓的数控车加工程序。

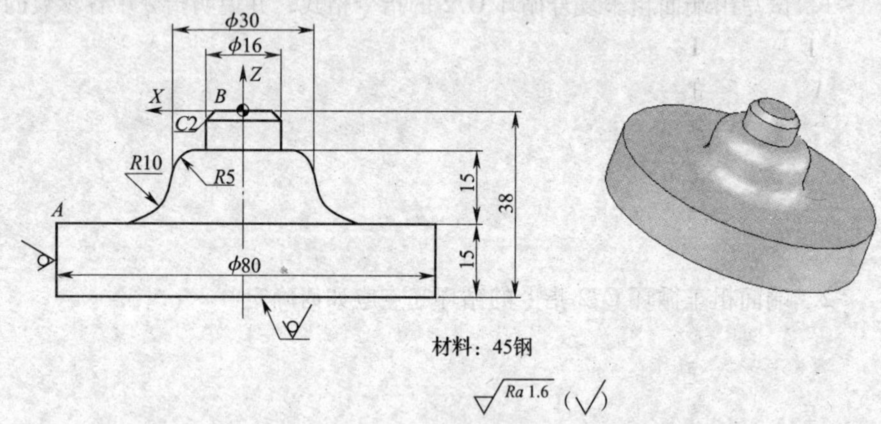

沿虚线剪下

任务6　复合固定循环 G73 车削外轮廓

班级__________　姓名__________　学号__________　成绩__________

一、选择题

1. FANUC 0i 系统中成型加工复合循环“G73 U$\underline{\Delta i}$ W$\underline{\Delta k}$ R$\underline{d}$；G73 P$\underline{ns}$ Q$\underline{nf}$ U$\underline{\Delta u}$ W$\underline{\Delta w}$ F __ S __ T __;”中的 d 是指（　　）。

A. X 方向的退刀量　　B. Z 方向的退刀量

C. X 和 Z 两个方向的退刀量　　D. 粗车重复加工次数

2. 为了高效切削铸锻造成型、粗车成型的工件，避免较多的空走刀，选用（　　）指令作为粗加工循环指令较为合适。

A. G71　　B. G72　　C. G73　　D. G74

二、编程题

1. 选用合适的机夹菱形车刀，用 G73 和 G70 指令编写如图所示零件的数控车加工程序（毛坯为 ϕ32 mm 的长棒料）。

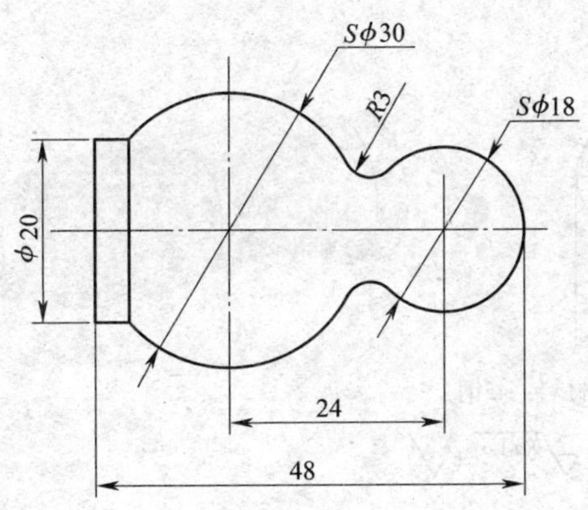

2. 选择合适的机夹菱形车刀，用 G73、G70 指令编写图示零件的加工程序（材料为 45 钢，毛坯为 ϕ50 mm 的棒料）。

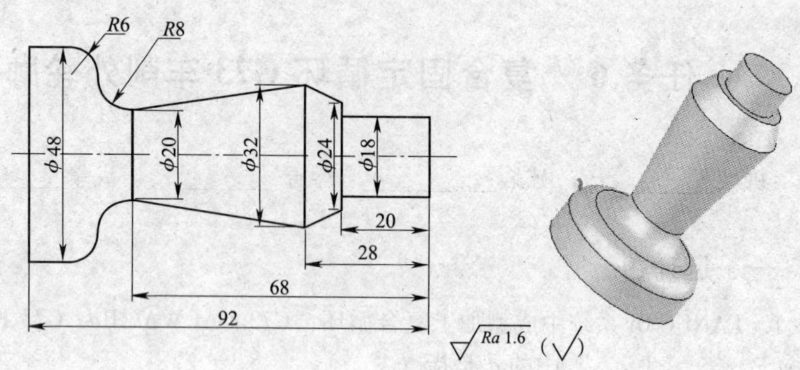

3. 采用复合固定循环指令编写如图所示零件的数控车加工程序（毛坯为 ϕ25 mm 的长棒料）。

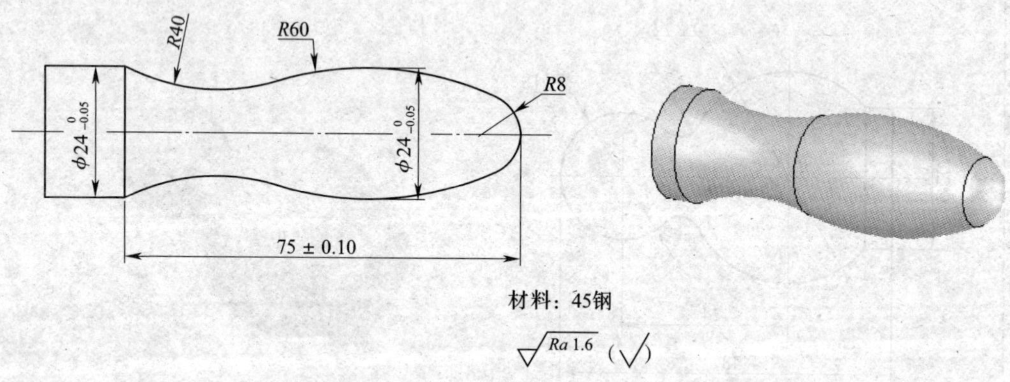

沿虚线剪下

项目五

槽 加 工

任务1　G01指令切槽

班级__________ 姓名__________ 学号__________ 成绩__________

一、填空题

1. 数控加工中，常用________________和________________切槽（断）刀，刀片材料一般为________________或________________。

2. 数控加工中，对于精度不高且宽度较窄的矩形沟槽采用________________，较宽的沟槽采用________________。较小的梯形槽采用成形刀________________车削，较大的梯形槽一般先车________________，然后用成形刀直进法或________________完成。

3. 选择切槽切削用量时，切削速度通常取外圆切削速度的____________，进给量一般取________________，背吃刀量受切槽刀宽度的影响，调节范围较小。

4. 轴类零件上典型的矩形沟槽——退刀槽，一般采用刃宽________________或略小于槽宽的切槽刀，采用________________切出。

5. 梯形槽采用刃宽等于或略小于槽底宽的切槽刀，先切________________，再用切槽刀________________车出两侧斜面。

6. 熟悉子程序调用格式，回答问题：

指令 M98 P100 L5 表示________________________________。

指令 M98 P510 表示____。

二、编程题

如图所示零件，毛坯为 ϕ40 mm 的圆钢，试编写零件上多槽的加工程序（要求采用子程序编程）。

1. 分析径向切槽动作。在下表中编制子程序。

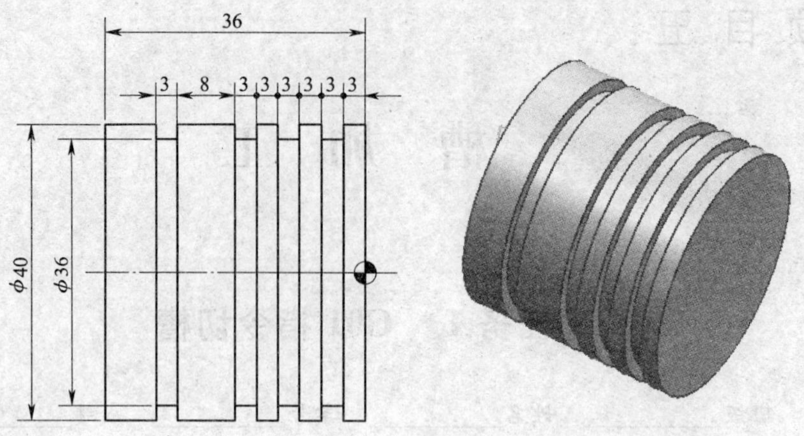

2. 分析三处槽的轴向位置，在下表中编制主程序。

3. 切槽加工程序编制。

程序号	加工程序	程序说明
		主程序

程序号	加工程序	程序说明
		子程序

沿虚线剪下

任务 2　复合固定循环 G75 切宽槽

班级__________　姓名__________　学号__________　成绩__________

一、选择题

1. FANUC 系统中（　　）指令用于内、外径切槽或钻孔。

A. G71　　B. G72　　C. G73　　D. G75

2. 对于程序段“G75 R$\underline{e}$；G75 X（U）__ Z（W）__ P$\underline{\Delta i}$ Q$\underline{\Delta k}$ R$\underline{\Delta d}$ F ____；”（　　）表示 X 向每次切入量，用半径值编程。

A. e　　B. Δk　　C. Δi　　D. Δd

3. 对于程序段“G75 R$\underline{e}$；G75 X（U）__ Z（W）__ P$\underline{\Delta i}$ Q$\underline{\Delta k}$ R$\underline{\Delta d}$ F ____；”（　　）表示 Z 向每次移动量。

A. e　　B. Δk　　C. Δi　　D. Δd

4. 对于程序段“G75 R$\underline{e}$；G75 X（U）__ Z（W）__ P$\underline{\Delta i}$ Q$\underline{\Delta k}$ R$\underline{\Delta d}$ F ____；”（　　）表示分层切削每次退刀量。

A. e　　B. Δk　　C. Δi　　D. Δd

5. 确定 X 向每次切入量 2 mm，Z 向每次移动量 3.5 mm，以下正确的指令格式是（　　）。

A. G75 R1.；
G75 X30.0 Z-50.0 P2.0 Q3500 R0.5 F0.1；

B. G75 R1.；
G75 X30.0 Z-50.0 P2000 Q3.5 R0.5 F0.1；

C. G75 R1.；
G75 X30.0 Z-50.0 P2000 Q3500 R0.5 F0.1；

二、问答题

1. 切槽循环 G75 指令的循环起点应如何确定？

2. 常见的切槽加工误差有哪些？如何避免？

三、编程题

试分别用 G01 指令和 G75 循环指令编写如图所示工件上退刀槽的加工程序，并作比较。

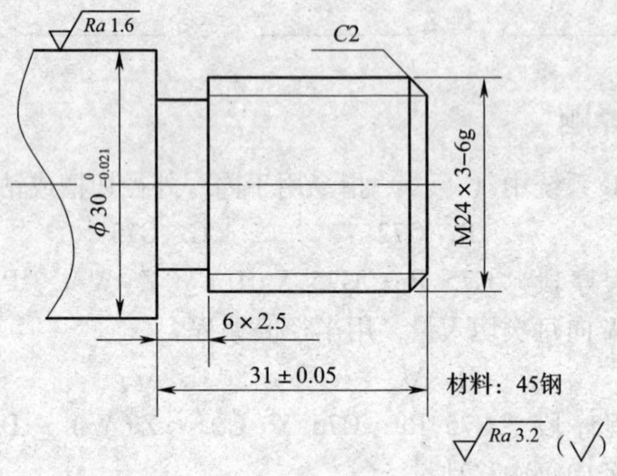

1. G01 指令切槽

2. G75 循环指令切槽

沿虚线剪下

任务 3　复合固定循环 G75 切均布槽

班级__________　姓名__________　学号__________　成绩__________

一、问答题

1．试写出切槽循环 G75 指令的指令格式，并说明指令中各参数的含义。

2．说说切槽加工中如何利用磨耗修调保证槽宽、槽深尺寸精度要求。

二、编程题

1．加工如图所示套筒零件，毛坯尺寸为 ϕ45 mm × 42 mm，材料为 Q235，试采用复合循环 G75 指令编写其内部宽槽的数控车加工程序。

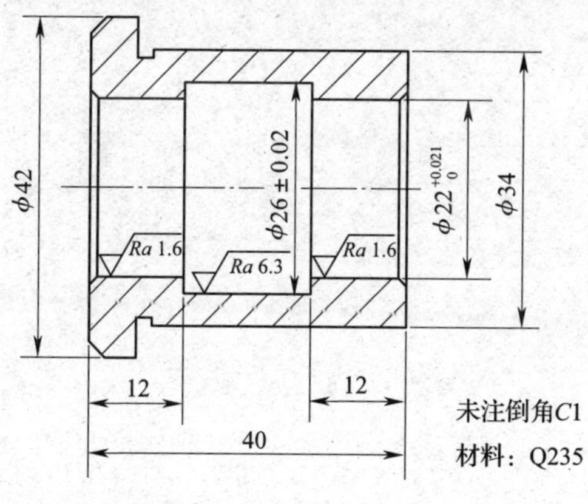

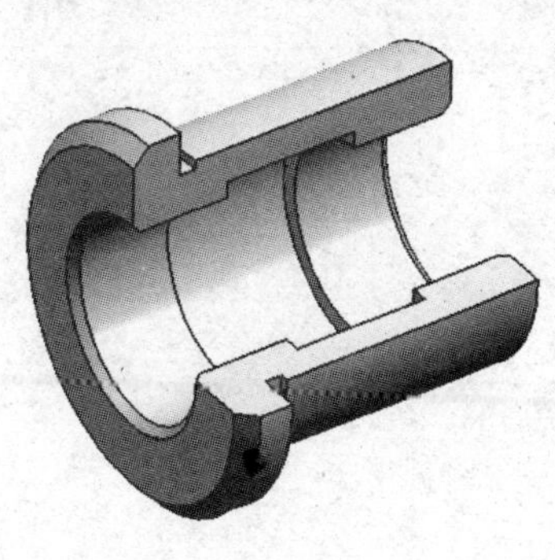

未注倒角C1

材料：Q235

2. 你能结合 G75 循环指令编程完成教材中任务 1 的均布梯形槽的粗加工吗？与任务 1 的相关程序作比较。

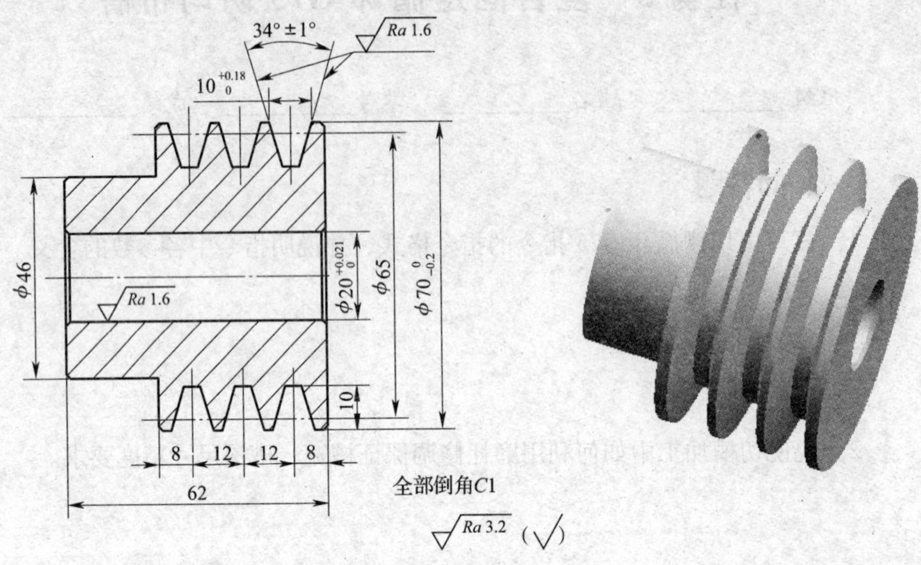

沿虚线剪下

任务4　复合固定循环 G74 切端面槽

班级__________　姓名__________　学号__________　成绩__________

一、问答题

1．试写出端面切槽循环 G74 的指令格式，并说明指令中各参数的含义。

2．端面切槽循环 G74 指令的循环起点应如何确定？

二、编程题

加工如下图所示工件，毛坯尺寸为 ϕ90 mm × 22 mm 的圆钢，试分析其加工工艺并采用复合固定循环指令编写其完整的数控车加工程序。

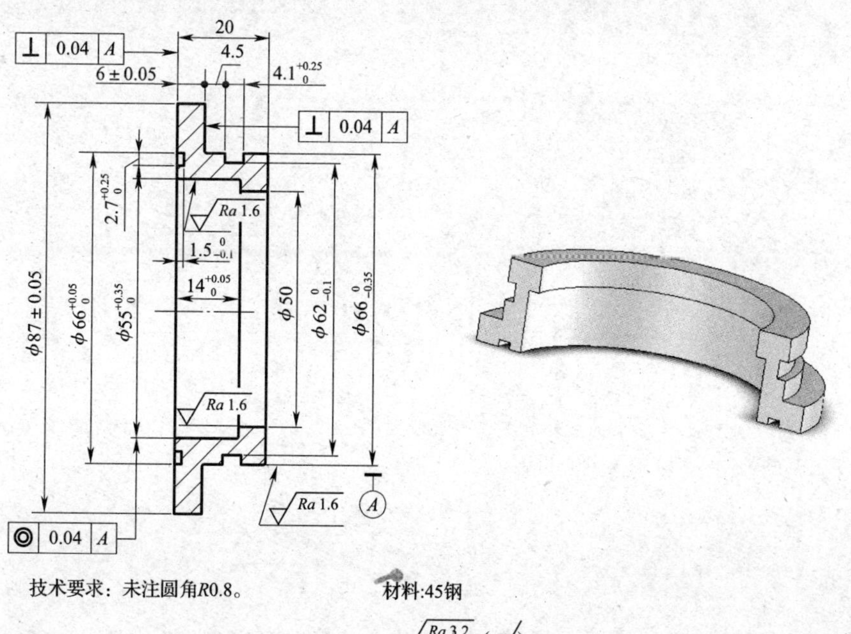

技术要求：未注圆角R0.8。　　　　材料:45钢

$\sqrt{Ra\ 3.2}$ ($\sqrt{}$)

1．零件分析，明确加工要求。

2．加工工艺分析，确定加工方案及加工路线。

3．编制加工程序。

沿虚线剪下

项目六

螺纹车削

任务1　圆柱外螺纹车削

班级__________　姓名__________　学号__________　成绩__________

一、判断题

1. 车螺纹时，必须设置升速段和降速段。　（　　）
2. 螺纹加工中的走刀次数和背吃刀量会直接影响螺纹的加工质量。　（　　）
3. G32 指令是 FANUC 系统中用于加工螺纹的单一固定循环指令。　（　　）
4. G32 功能为螺纹切削加工，只能加工圆柱螺纹。　（　　）
5. 指令“G34 X(U)__ Z(W)__ F __ K __;”中的K是指主轴每转螺距的增量（正值）或减量（负值）。　（　　）

二、选择题

1. 车螺纹期间要使用（　　）进行主轴转速的控制。

A. G96　　B. G97　　C. G98　　D. G99

2. 在程序段 G32 X(U)__ Z(W)__ F __中，F 表示（　　）。

A. 主轴转速　　B. 进给速度

C. 螺纹螺距　　D. 背吃刀量

3. 用 FANUC 系统指令“G92 X(U)__ Z(W)__ F __;”加工双线螺纹，则该指令中的“F __”是指（　　）。

A. 螺纹导程　　B. 螺纹螺距

C. 每分钟进给量　　D. 螺纹起始角

4.（　　）适用于对圆柱螺纹和圆锥螺纹进行循环切削，每指定一次，螺纹切削自动进行一次循环加工。

A. G32　　B. G92　　C. G76　　D. G34

三、编程题

1. 如下图所示工件，试分析其加工工艺并编写其数控车加工程序。

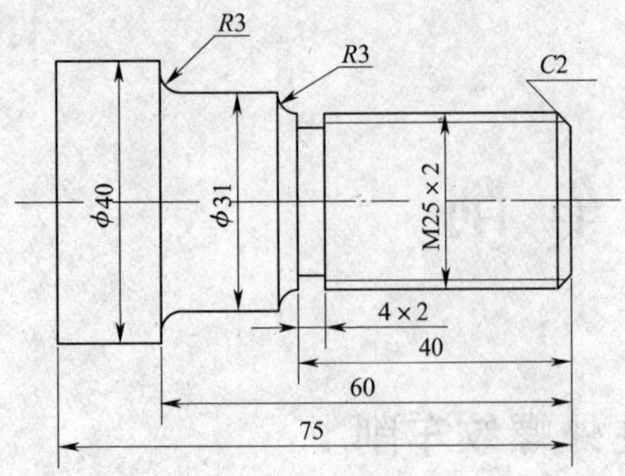

2．根据螺纹加工要求进行编程分析，确定牙深及分层切削次数，螺纹切削循环起点、终点坐标。

分层次数	背吃刀量	循环起点坐标	终点坐标

3．编写螺纹加工程序，并作程序说明。

程序段号	加工程序	程序说明

沿虚线剪下

任务 2　圆锥外螺纹车削

班级__________　姓名__________　学号__________　成绩__________

一、判断题

1．车螺纹期间的进给速度倍率、主轴速度倍率有效。（　　）

2．G92 只能加工圆锥螺纹。（　　）

3．如果在单段方式下执行 G92 循环，则每执行一次循环必须按 4 次循环启动按钮。（　　）

4．在螺纹切削过程中，按下循环暂停键时，刀具立即按斜线回退，然后先回到 X 轴的起点，再回到 Z 轴的起点。在回退期间，不能进行另外的暂停。（　　）

二、问答题

1．螺纹加工过程中，如何分配总切深量？螺距为 2 mm 的螺纹，如何分配其切深量？

2．试写出单一固定循环 G92 的指令格式并说明指令中各参数的含义。

3．螺纹加工过程中，如何确定其导入和导出距离？

三、编程题

如下图所示工件，试分析其加工工艺并编写其数控车加工程序。

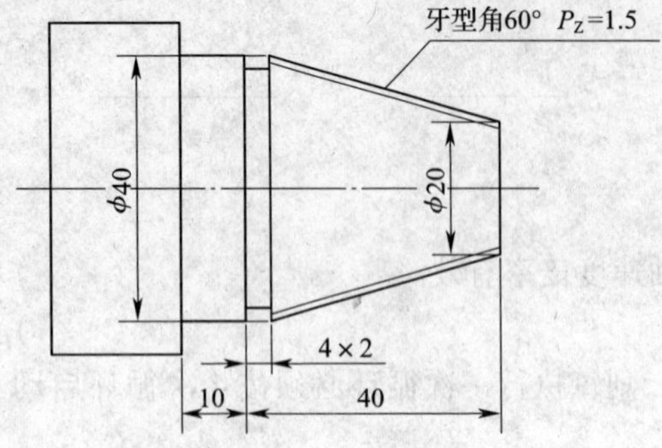

沿虚线剪下

任务3　内螺纹车削

班级＿＿＿＿＿＿　姓名＿＿＿＿＿＿　学号＿＿＿＿＿＿　成绩＿＿＿＿＿＿

一、判断题

1. FANUC 系统 G76 指令只能用于圆柱螺纹的加工，不能用于圆锥螺纹的加工。（　　）

2. 采用 G76 指令加工螺纹时，加工过程中的进刀方式是沿牙型一侧面平行方向的斜向进刀。（　　）

3. G76 不可以在 MDI 方式下使用。（　　）

4. G76 指令为非模态指令，所以必须每次指定。（　　）

5. 在执行 G76 循环时，如按下循环暂停键，则刀具在螺纹切削后的程序段暂停。（　　）

二、选择题

1. 对于程序段“G76 P $\underline{m}$ $\underline{r}$ $\underline{\alpha}$ Q$\underline{\Delta d_{min}}$ R$\underline{d}$；G76 X(U)＿ Z(W)＿ R$\underline{i}$ P$\underline{k}$ Q$\underline{\Delta d}$ F$\underline{L}$；”（　　）表示螺纹高度，用半径值编程。

A. d　　B. k　　C. L　　D. Δd

2. FANUC 系统螺纹复合循环指令“G76 P $\underline{m}$ $\underline{r}$ $\underline{\alpha}$ Q$\underline{\Delta d_{min}}$ R$\underline{d}$；G76 X(U)＿ Z(W)＿ R$\underline{i}$ P$\underline{k}$ Q$\underline{\Delta d}$ F$\underline{L}$；”中的 d 是指（　　）。

A. X 方向的精加工余量　　B. X 方向的退刀量

C. 第一刀切削深度　　D. 螺纹总切削深度

3. 在执行指令“G76 P030130 Q$\underline{\Delta d_{min}}$ R$\underline{d}$;”过程中，在螺纹切削退尾处(45°）的 Z 向退刀距离为（　　）倍导程。

A. 0.1　　B. 0.3　　C. 1　　D. 3

4. 指令“G76 X(U)＿ Z(W)＿ R$\underline{i}$ P$\underline{k}$ Q$\underline{\Delta d}$ F$\underline{L}$;”中的“P$\underline{k}$”用于表示（　　）。

A. 螺纹半径差　　B. 牙型编程高度

C. 螺纹第一刀切削深度　　D. 精加工余量

5.（　　）适用于多次自动循环车螺纹。

A. G32　　B. G92　　C. G76　　D. G34

6. 下列 FANUC 系统指令中可用于变螺距螺纹加工的指令是（　　）。

A. G32　　B. G34　　C. G92　　D. G76

三、编程题

1. 如下图所示工件，试分析其内部加工工艺并编写其数控车加工程序。

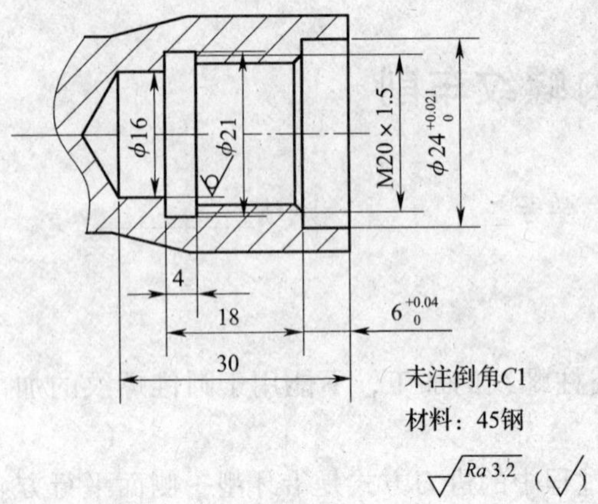

2．如下图所示工件，试分析其加工工艺并编写两端螺纹部分的数控车加工程序。

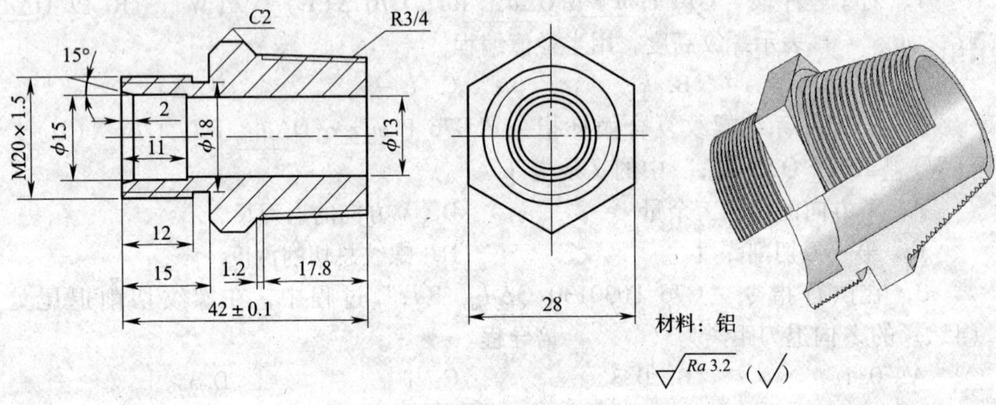

沿虚线剪下

任务4　双线螺纹车削

班级__________　姓名__________　学号__________　成绩__________

一、问答题

1．常用的螺纹切削方法有哪些？各有何特点？

2．试写出螺纹加工复合固定循环指令的指令格式，并说明指令中各参数的含义。

3．采用G76指令编程加工多线螺纹，第一次切削完成后如何计算Z向偏置值？

4．查表计算M48×P_h4P2－5g6g螺纹公差带。

5．螺纹加工过程中，常见的误差原因有哪些？

二、编程题

1. 如下图所示工件，试分析其加工工艺并编写其数控车加工程序。

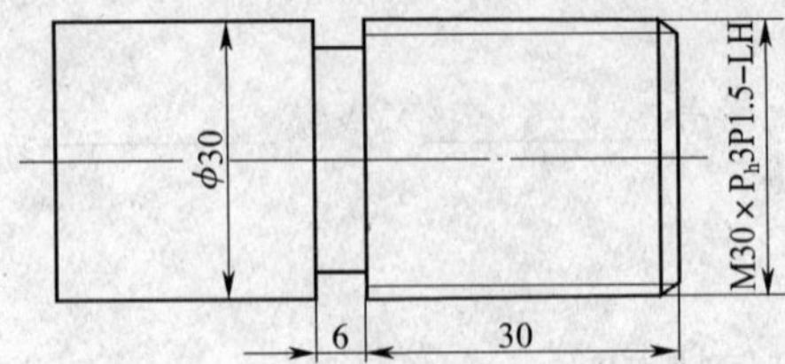

2. 如下图所示工件，试分析其加工工艺并编写其数控车加工程序。

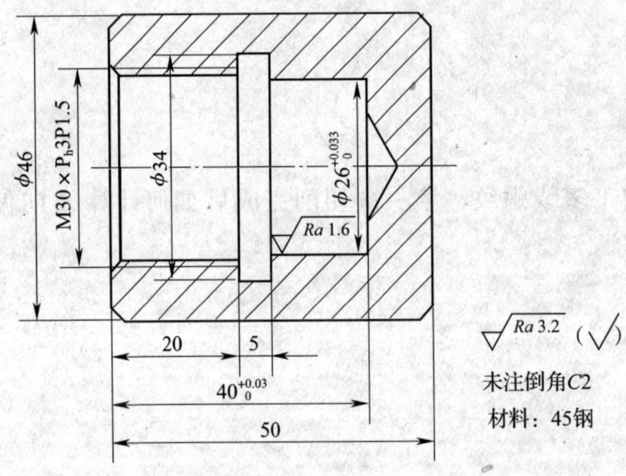

沿虚线剪下

项目七

自动编程

任务1 CAXA 数控车软件的使用

班级__________ 姓名__________ 学号__________ 成绩__________

一、填空题

1. CAXA 数控车中的图形编辑功能，把曲线分成________、________、________、________、________等类型，提供________、________、________、________、________、________等操作，还提供________、________、________、________、________等多种功能，具有________、________、________等工具。

2. CAXA 数控车基本加工功能有________、________、________和________。

3. CAXA 数控车高级加工功能有________________、________________、________________、________________________和________________________。

4. CAXA 数控车螺纹加工方式可以选择______________、______________两种加工方式。

二、问答题

1. CAXA 数控车软件有哪些主要功能？

2. CAXA 数控车软件界面由哪几部分组成？

3. CAXA 数控车软件界面各组成的内容及功能是什么？

4．如何启动 CAXA 数控车软件？

5．如何退出 CAXA 数控车软件？

6．建立新文件如何操作？

7．打开文件如何操作？

8．保存文件如何操作？

9．当前颜色设置如何操作？

10．图层设置如何操作？

11．拾取过滤设置如何操作？

12．系统设置如何操作？

沿虚线剪下

任务 2　CAXA 数控车自动编程加工实例

班级__________　姓名__________　学号__________　成绩__________

一、填空题

1. CAXA 数控车刀具库管理功能包括________、________、________、________四种刀具类型的管理。

2. 轮廓粗车功能用于实现对工件________、________和________的粗车加工，用来快速清除________的多余部分。

3. 轮廓精车功能用于实现对工件________、________和________的精车加工。

4. 车槽功能用于在工件________、________和________的切槽。

5. 钻中心孔功能用于____________________。该功能提供了多种钻孔方式，包括________________、________、________、________、________、________等。

二、问答题

1. CAXA 数控车刀具库管理如何操作？

2. 轮廓粗车时有哪些注意事项？

3. 轮廓精车时有哪些注意事项？

4. 切槽时有哪些注意事项？

5. 车螺纹时有哪些注意事项？

6. 什么是生成代码功能？有哪些注意事项？

7. 什么是轨迹仿真功能？有哪些注意事项？

8. 什么是机床设置功能？有哪些注意事项？

9. 什么是后置设置功能？有哪些注意事项？

10. 试在教材中任选一例，运用CAXA数控车自动编程进行加工，并记录操作过程。

沿虚线剪下

项目八

综合训练

任务1　综合实例一

班级__________　姓名__________　学号__________　成绩__________

一、填空题

1. 数控车床加工工艺文件主要包括________、________、________以及________等。

2. 数控车床加工零件的工艺分析包括________、________和________等方面。

3. 零件轮廓几何要素分析有________________和________________内容。

4. 零件的技术要求包括加工表面的________、主要加工表面的________、主要加工表面之间的________、加工表面的________________以及________方面的其他要求、________要求和其他要求（如动平衡、未注圆角或倒角、去毛刺、毛坯要求）等。

5. 数控车床上，加工的零件典型结构有____________、____________、________________和________________等几种。

二、综合题

如下图所示工件，毛坯为 $\phi62$ mm × 82 mm，试在 FANUC 0i Mate – TB 系统的 CAK6140 型数控车床上进行加工。

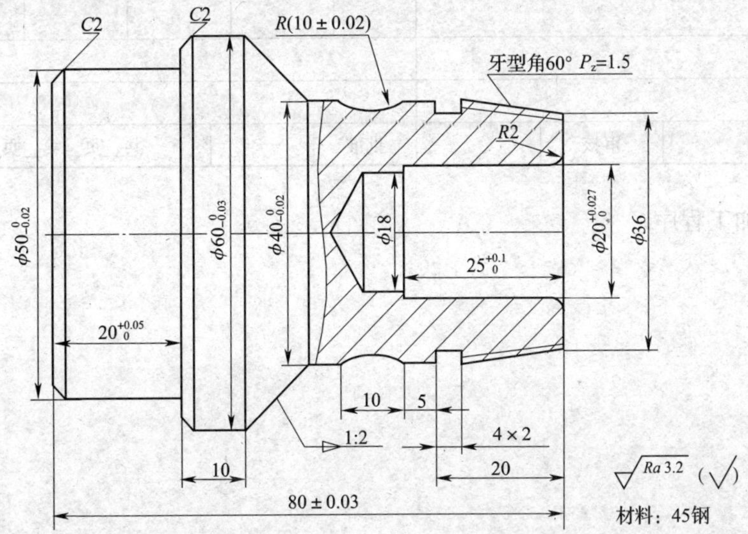

1. 零件图样如何分析？试确定工件定位与装夹方式。

2. 试拟定加工工艺路线。

3. 填写数控车床加工工序卡。

数控车床加工工序卡

	数控加工工艺卡片		产品代号	零件名称	零件图号	
工艺序号	程序编号	夹具名称	夹具编号	使用设备	车间	
工步号	工步内容（加工面）	刀具号	刀具规格	主轴转速（r/min）	进给量（mm/r）	背吃刀量（mm）
编制		审核		批准		共__页 第__页

4. 编写加工程序。

沿虚线剪下

任务 2　综合实例二

班级＿＿＿＿＿＿　姓名＿＿＿＿＿＿　学号＿＿＿＿＿＿　成绩＿＿＿＿＿＿

一、填空题

1. 定位基准有＿＿＿＿＿＿＿＿、＿＿＿＿＿＿＿＿和＿＿＿＿＿＿＿＿三种。

2. 具体选择粗基准时一般应考虑＿＿＿＿＿＿＿＿、＿＿＿＿＿＿＿＿、＿＿＿＿＿＿＿＿和＿＿＿＿＿＿＿＿等原则。

3. 具体选择精基准时一般应考虑＿＿＿＿＿＿＿＿、＿＿＿＿＿＿＿＿、＿＿＿＿＿＿＿＿、＿＿＿＿＿＿＿＿和＿＿＿＿＿＿＿＿等原则。

4. 工件装夹包括＿＿＿＿＿＿＿＿与＿＿＿＿＿＿＿＿两项内容。

5. 数控车床加工中的切削用量包括＿＿＿＿＿＿＿＿、＿＿＿＿＿＿＿＿或＿＿＿＿＿＿＿＿、＿＿＿＿＿＿＿＿或＿＿＿＿＿＿＿＿，这些参数均应在数控车床给定的允许范围内选取。

二、问答题

粗、精加工时切削用量有哪些选择原则？

三、综合题

如图所示工件，零件材料为 45 钢，毛坯取 $\phi45$ mm × 62 mm 的棒料，试在 FANUC 0i Mate－TB 系统的 CAK6140 型数控车床上进行加工。

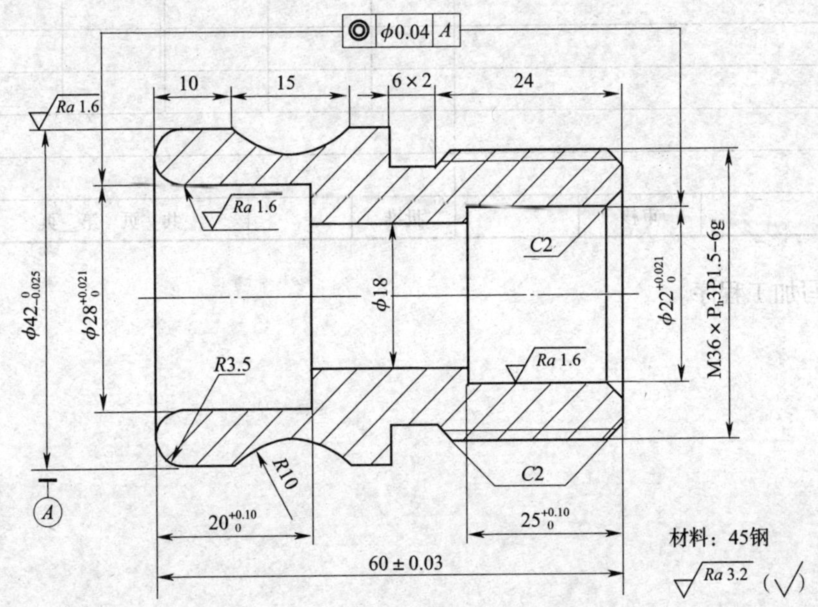

1．零件图样如何分析？试确定工件定位与装夹方式。

2．试拟定加工工艺路线。

3．填写数控车床加工工序卡。

数控车床加工工序卡

	数控加工工艺卡片	产品代号	零件名称	零件图号

工艺序号	程序编号	夹具名称	夹具编号	使用设备	车间

工步号	工步内容（加工面）	刀具号	刀具规格	主轴转速（r/min）	进给量（mm/r）	背吃刀量（mm）

编制		审核		批准		共__页　第__页

4．编写加工程序。

沿虚线剪下

任务3　综合实例三

班级__________　姓名__________　学号__________　成绩__________

一、填空题

1. 零件的加工过程通常可分为________、________、________和________四个阶段。

2. 工序的划分可以采用________和________两种不同原则，在数控车床上加工零件，一般应按________原则划分工序。

3. 数控车床加工工序划分有_______、_______、_______和_______等方法。

4. 零件车削加工顺序的安排有________________、________________、________________、________________和________________等原则。

二、问答题

常用的刀具走刀路线的设计有哪些方法或思路?

三、综合题

如图所示工件，毛坯为 $\phi 50$ mm × 85 mm 的棒料，材料为 45 钢，试在 FANUC 0i 系统的 CKA6140 型数控车床上进行加工。

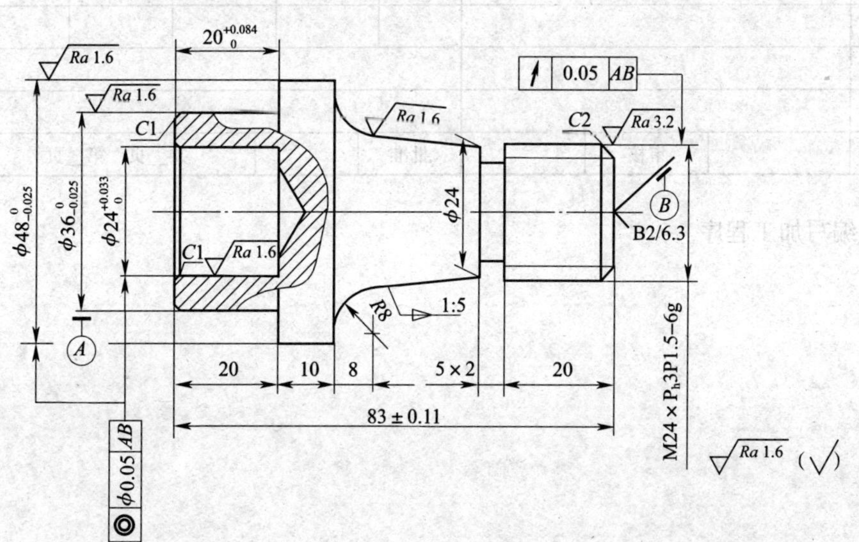

1. 零件图样如何分析？试确定工件定位与装夹方式。

2. 试拟定加工工艺路线。

3. 填写数控车床加工工序卡。

数控车床加工工序卡

	数控加工工艺卡片	产品代号	零件名称	零件图号

工艺序号	程序编号	夹具名称	夹具编号	使用设备	车间

工步号	工步内容（加工面）	刀具号	刀具规格	主轴转速（r/min）	进给量（mm/r）	背吃刀量（mm）
编制		审核		批准		共__页　第__页

4. 编写加工程序。

沿虚线剪下

项目九

数控车床的结构与维护

任务1　数控车床的主传动系统与主轴部件的维护

班级＿＿＿＿＿　姓名＿＿＿＿＿　学号＿＿＿＿＿　成绩＿＿＿＿＿

一、问答题

1．数控车床对主传动系统有何要求？

2．数控车床主传动系统中的主轴变速方式有哪几种？各有什么特点？

3．如何对主传动系统进行维护？

4．数控车床的主轴轴承主要有哪几种？

5．数控车床主轴系统主要由哪些部件组成？各起什么作用？

二、思考题

1．主轴在强力切削时，突然停了下来，是什么原因导致的？应该如何处理？

2．发现润滑油泄漏时应如何处理？

沿虚线剪下

任务 2　数控车床的进给传动系统与传动元件的维护

班级__________　姓名__________　学号__________　成绩__________

一、问答题

1. 进给传动系统在数控车床中主要起什么作用？

2. 数控车床对进给传动系统的性能有何要求？

3. 滚珠丝杠副有什么特点？

4. 数控车床所用的导轨主要有哪两种？各有什么特点？

5. 如何对进给传动系统的各部件进行维护保养？

二、思考题

在零件加工过程中，产生了零件的重复定位误差，丝杠在反向运动时存在过大的间隙，应该如何处理？

沿虚线剪下

任务3　刀架的结构与维护

班级__________　姓名__________　学号__________　成绩__________

一、问答题

1．刀架在数控车削加工中起什么作用？

2．数控车床常用的刀架有哪两种？各有什么特点？

3．如何对刀架各部件进行维护保养？

二、论述题

简述立式回转刀架的工作过程。